MEDICAL AESTHETIC

메디컬 에스테틱

개정판

김봉인 · 김선옥 · 김해남 · 장문정 · 장태수
최미옥 · 한채정 · 함명옥 · 고미라

메디시인

머리말

오늘날 삶의 질이 향상되면서 아름답고 건강한 심신에 대한 욕구는 뷰티산업을 더욱 각광받게 하였으며, 국내 피부 미용 분야도 발전하여 전문화·세분화되고 있습니다.

한편 중국을 비롯한 동남아시아에도 한류 바람을 타고 K-pop에 이어 한국산 화장품 산업의 진출이 활발해지면서, 우리의 스킨케어도 주목을 받으며 크게 인기를 끌고 있습니다.

메디컬 스킨케어는 피부과, 성형외과, 병의원 등에 도입되어 레이저 치료, 화학 필링 및 미용성형 시술 등에 적극 활용되고 있어서 피부관리와 전문교육의 필요성이 더욱 커지고 있습니다.

이 책은 스킨케어의 이해, 기기를 이용한 스킨케어, 피부의 필링, 탈모·비만 치료, 성형수술 및 관리는 물론, 병원 코디네이터와 의료관광 서비스에 이르기까지 메디컬 에스테틱의 모든 내용을 체계적이고 효과적으로 설명하여 피부미용 및 의료서비스 산업에 종사하는 사람들이 이해하기 쉬운 교재로 활용할 수 있도록 구성하였습니다.

모쪼록 이 한 권의 책이 언제나 참고할 수 있는 좋은 지침서가 되기를 바라며, 더불어 사회생활에서 중요한 인성과 품격을 습득하는 데도 도움이 되어, 예의 바르고 미(美)를 창조하는 아름다운 세상을 만들어 가는데 도움이 되기를 소망합니다.

끝으로 이 책이 출판되기까지 많은 도움과 배려를 해 주신 메디시언 주병오 사장님과 관계자 여러분께 감사의 말씀을 올립니다.

기해년 새 봄에

필자 대표

차 례

차 례

Chapter 7. 비만과 그 치료

차 례

Chapter 1

메디컬 에스테틱의 이해

Chapter 1

메디컬 에스테틱의 이해

1. 메디컬 에스테틱의 정의와 목적

현대의 산업이 세분화·전문화되면서 이와 함께 고급화로 연결되면서 메디컬 스킨케어가 자연스럽게 한 분야로 분화되었다. 메디컬 스킨케어(medical skin care)는 피부과에서 시행하는 전문화·고급화된 피부개선 치료 및 전문적 서비스, 전문 의료인의 의학적 지식을 바탕으로 한 의료기기와 약품을 이용하는 의료적 치료와 처방, 그리고 화장품과 매뉴얼 테크닉을 이용한 순수 피부관리와 관련된 스킨케어를 총칭하는 용어이다.

전문 의료인의 책임하에 이루어지는 미용적 시술 또는 처치를 말하며 의과적 부분이 강조된 스킨케어 분야이다. 즉 전문 의료인의 의학적 지식, 의료적인 피부치료와 처방, 그리고 이와 관련된 순수 스킨케어가 바로 메디컬 에스테틱이다.

또한 메디컬 에스테틱(medical aesthetic)은 피부과에서 피부질환 환자나 피부를 보호하려는 사람을 대상으로 의료기기와 약품을 이용하여 피부를 아름답고 건강하게 관리하는 의료적 관리와 화장품과 매뉴얼 테크닉을 이용한 순수 피부관리를 병행하여 피부치료 및 피부미용 관리에 대한 효과를 극대화하는 것이기도 하다.

피부과 의사는 문제성 피부를 가진 환자와 전문적인 치료 상담을 통해 화학적·물리적 자극에 대한 반응을 테스트한 후, 치료에 대한 정확한 진단을 하고 피부미용사(esthetician)와 상호 협력·보완하여 의료 기기와 전문적인 화장품을 이용하여 피부치료 및 관리를 효과적이고 과학적으로 피부 미용을 관리한다.

피부질환의 치료뿐만 아니라 치료 후의 피부관리나 피부질환의 예방관리에도 관심을 두어 고객의 만족감과 치료 효과를 상승시키려는 데 의미와 목적이 있다. 메디컬 스킨케어라 함은 의학적 치료와 스킨케어를 병행하는 것을 의미한다.

피부과 전문의는 고객의 피부 문제점을 정확하게 진단한 후 피부 상태를 개선시키기 위한 목적으로 레이저 등의 기기와 약물을 이용한 치료와 스킨케어를 함께 하는 것이다. 일반적으로 스킨케어 또는 의학적 치료 중 한 가지 관리만 하는 경우 치료의 만족도가 낮지만, 스킨케어와 의학적 치료를 병행하게 되면 효과의 극대화가 이루어지므로 빠른 시간 내 피부 재생이 되어 치료에 대한 고객의 만족도 또한 높아진다.

2. 메디컬 스킨케어 교육

1. 한국

- 레이저 시술 후 주의사항 및 시술 후 관리방법
- 칙칙한 피부를 개선하는 방법
- 기능성 화장품의 이해와 올바른 사용법
- 자외선 차단
- 소독
- 필러 시술 후 주의사항
- 화학적·물리적 필링 후 주의사항 및 시술 후 관리방법
- 성형수술 후 붓기 관리법

2. 미국

- 스킨케어의 중요 요소
- 호르몬 이상과 피부 이상
- 계절과 피부 관계
- 스킨케어 화장품의 과학적 이해 및 연구
- 예민성 피부의 증상
- 일반적인 화장품 조성법
- 화장품 라벨 읽는 법
- 피부질환 식별

- 미세 색소침착
- 해부생리학, 건강관리, 의료기관의 법률적 측면

3. 메디컬 스킨케어가 필요한 경우

① 여드름 및 넓어진 모공 관리
② 화학적 필링, 물리적 필링, 레이저 필링 등 각종 박피술 후 재생관리
③ 기미, 주근깨, 노인성 흑자 등 색소성 피부질환
④ 피부노화 시 발생하는 주름, 피부 처짐의 완화가 필요한 경우
⑤ 안면 홍조증 및 모세혈관 확장증
⑥ 피부톤이 맑지 못할 때
⑦ 아름답고 건강한 피부를 원하는 모든 사람

4. 의학적 피부관리

① 피부과 전문의에 의한 정확한 피부치료 진단
② 개인의 피부 문제와 특성에 따른 맞춤식 스킨케어 및 화장품 처방
③ 2차 감염, 여드름 흉터 발생을 비롯한 여러 가지 부작용의 가능성을 최소화
④ 스킨케어와 기기관리 및 약물치료를 병행하여 치료효과 극대화(여드름, 기미, 주근깨, 주름, 탄력저하 피부 등)
⑤ 레이저 필링, 화학적 필링 등 의학적인 치료와 체계적인 재생관리의 병행을 통한 치료효과 극대화
⑥ 시술 후 체계적인 사후관리를 통해 회복기간 단축, 시술효과 극대화

5. 메디컬 스킨케어 업무

1. 의사

① 피부질환과 미용상의 문제를 구분하여 치료를 시행할 것인지 또는 관리로 유지할 것인지 판단

② 피부질환의 치료

③ 수술, 레이저 시술, 주사요법 등의 의료시술의 시행

④ 피부미용관리사와 긴밀한 협조하에 피부관리 프로그램 구성

2. 간호사

① 메디컬 시술의 조력자

② 시술 및 수술 도구의 철저한 위생관리

③ 피부질환과 스킨케어를 구분하여 의사와 피부관리사에게 연결

④ 의사의 지시에 따른 치료의 보조역할 : 주사, 드레싱 등

⑤ 시술 후의 의료적 설명과 조언

3. 상담실장, 피부미용사 및 병원 코디네이터

① 피부상태 점검 및 개인의 목적에 따른 스킨케어 상담

② 의사와 긴밀히 논의하여 피부상태와 목적에 따른 메뉴구성 및 지정

③ 시술 전반에 관한 설명

④ 비용상담 : 개인의 경제적 사항 고려

⑤ 병원의 상황에 맞는 업무 범위 지정

4. 피부미용사

① 피부측정 : 피부상태를 파악하여 사용할 화장품 처방 구성

② 메디컬 시술 직전 처치–메디컬 처치 중 어시스트–메디컬 시술 직후 처치

③ 메디컬 시술 후의 주의사항에 관한 철저한 설명

④ 시술 후의 유지관리와 주의점

⑤ 홈케어 요령 및 화장품에 대한 설명과 조언

⑥ 시술기간 중의 화장품 사용여부 및 사용방법 교육

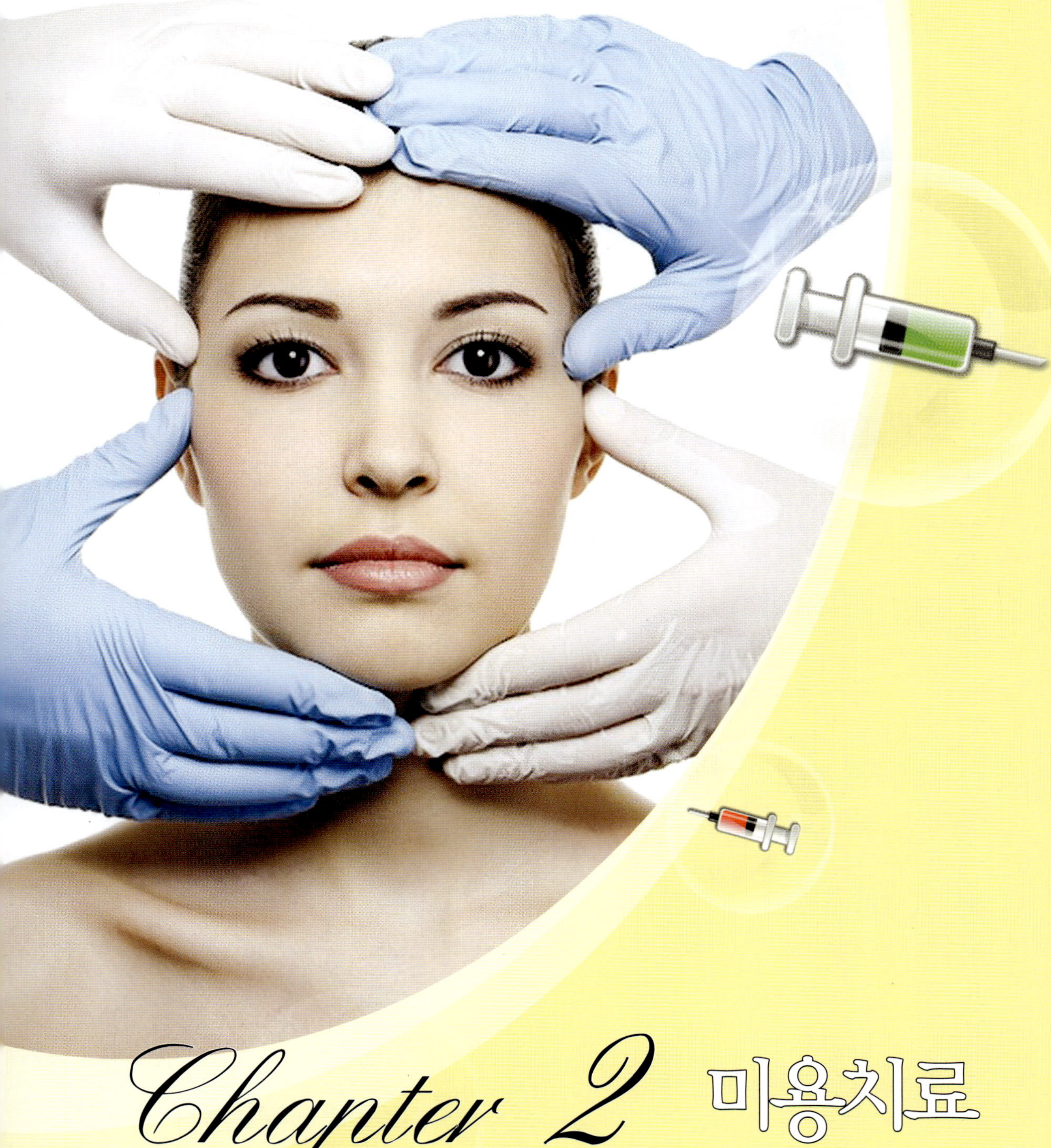

Chapter 2 미용치료

Chapter 2

미용 치료

1. 약물 치료

세균 증식의 억제를 도와주는 항생제는 여드름 및 주사(rosacea)의 치료 목적으로 사용하기도 하며 다양한 종류들이 있다.

그림 2-1 페이셜 관리

① **여드름** : 테트라사이클린, 미노사이클린, 에리트로마이신, 아이소트레티노인, 클린다마이신, 페니실린, 로아큐탄, 항히스타민제, 면역반응 억제제(사이클로스포린, 메토트렉사트), 과산화벤조일, 레틴 A, 화학박피제

② **지루성 피부염** : 코르티손, 항효모 유기체

③ **아토피 피부염** : 부신피질호르몬제(항염증 약물), 항히스타민제(소양증), 항생제(2차 감염)

④ **색소침착(기미)** : 레틴 A, 하이드로퀴논, 화학박피제

⑤ **연고** : 벤조일 퍼옥사이드, 아젤릭산, 레티노익산(retinoic acid), 스테로이드

⑥ 부신피질 호르몬 주사제

2. 화장품 성분

① **여드름 관리 성분** : 비타민 A, B, C, 이스트, 에키나세아, 하마멜리스

② **색소침착(기미) 관리 성분** : 코직산, 알부틴, 아젤라산, 하이드록시산, 티오황산나트륨, 황화셀레늄, 징크피리티온, 비타민 C, 아젤릭산, 폴리페놀, 감초추출물

③ 항산화 성분

지용성 : 비타민 E, 코엔자임 Q10, 알파리포산(alphalipoic acid)

수용성 : 글루타티온, 비타민 C, 콜라겐

기타 – 녹차, DHEA, 멜라토닌, 셀레늄

3. 치료기기

① **냉동치료(Cryo system)기** : 한랭 치료요법으로 액체질소나 고체 이산화탄소를 비롯한 탈염화물, 드라이아이스, 프레온을 사용하여 피부에 직접 도포와 분무하는 방법이다. 사마귀, 비소각화증, 색소침착 등의 표면에 분무하여 하얗게 냉동시키면 수포, 가피가 형성되고 10~14일 후 가피가 탈락된다.

② **더마브레이션 기기(Dermabration)** : 고속회전의 연마 휠의 작용으로 피부 표피층을 제거하는 것이며 마마자국, 여드름 상처, 켈로이드 상처, 문신을 제거하는데 사용되며 2~3주 후 회복된다.

③ **고주파 발생기(RF generator)** : 국소마취 후 고주파를 이용하여 조직 자체에 낮은 열에너지(45~50°C)를 생성시켜 정확히 원하는 근육조직의 단백질만을 변성시키게 되어 필요한 만큼의 최소 열에너지를 사용하여 투입된 바늘과 접촉된 근육 부위만을 응고시킬 수 있으므로 원하는 부위가 정확하게 치료되며 안전한 방법이다.

④ 레이저 기기

⑤ 초음파 기기

4. 화학적 필링

화학적 필링(chemical peeling)이란 피부에 화학 약품을 발라서 반응시킨 후 표피와 진피를 일정한 깊이로 박리하는 것을 말한다.

필링의 깊이에 따라 AHA, BHA, 제스너 용액, 레티노익산, 페놀, 레조르시놀 등이 사용된다.

이에 대한 구체적인 것은 화학적 필링에서 다루기로 한다.

5. 성형수술요법

성형수술(Plastic surgery)은 그리스어 "plastikos" 가 어원으로 "모양이 변형되거나 형체를 만들 수 있는" 의 의미를 가지고 있다. 신체의 기형이나 이상, 피부조직을 고치거나 바로잡기 위하여 대상 부위를 변형시키거나 형체를 만드는 일이다. 선천적 기형, 화상이나 교통사고 후의 흉터, 작은 눈과 같은 외관상의 결함, 탄력저하, 노화 피부 등에 적용된다.

① **리프팅을 위한 수술** : 얼굴주름 수술, 안면거상술, 이마주름 제거, 실 리프팅

② **윤곽 치료술** : 보톡스, 고주파시술, 초음파시술

③ **자가지방이식 및 보형물 삽입**(가슴실리콘)

④ **안면뼈 성형술** : 광대, 턱, 거상술

1. 필러(filler) 요법

나이가 들어가면서 피부는 자외선을 비롯한 여러 가지 원인으로 히알루론산과 콜라겐 등의 연조직이 감소하기 때문에 주름이 생기고 피부 탄력이 저하되어 아기 피부와 같은 탱탱한 볼륨감이 없어진다. 이러한 노화된 느낌의 얼굴을 동안으로 바꾸는 시술로 보톡스와 필러 시술이 각광을 받고 있다. 필러 시술은 다른말로 연부조직 증강술이라고도 한다.

필러 시술은 눈가주름, 수평이마주름, 미간주름, 눈꼬리주름, 입가 팔자주름, 흉터, 콧대를 높이고자 할 때, 무턱이나 꺼진 볼부위, 입술윤곽성형 및 입술확장을 위하여 주사기로 물질을 넣는 방법이다. 부작용 예방을 위해서는 가능한 피내 알레르기 테스트를 2회 이상 실시한다.

- 시술법 : 주사를 이용해 재료를 주입하고 5~10분 정도 소요되며 국소 마취없이 시술이 가능하고 즉시 일상생활을 할 수 있는 장점이 있다.
- 부작용 : 피부괴사, 농양형성, 홍반 부종 등의 지연형 양성반응
  특히 괴사는 미간이나 안면거상술 후 볼에 지플라스트(zyplast) 등을 주입한 경우 발생한다.

[시술 후 주의사항]

① 홍반, 멍, 붓기, 가려움, 주삿바늘 자국은 시간이 지나면 서서히 없어지고 1~2주 후에 자연스럽게 소실된다. 필요시 주사 부위에 하루 정도 얼음팩을 해 준다.

② 피하출혈 부위는 1주일 정도 보이다가 없어진다.

③ 치료 후 몇 시간이 지나면 화장, 목욕, 운동이 가능하나 약 2주 정도 과격한 운동, 강한 자외선, 고온(사우나, 찜질방)을 삼간다.

④ 시술 후 2일 정도 울퉁불퉁하게 느껴질 수 있지만 점차 부드러워진다. 시술 부위에 홍반이 나타나기 때문에 음주는 삼간다.

⑤ 호전된 주름이나 함몰부위가 원래 상태로 돌아오려면 6~18개월 정도 소요되는데 원상태로 나빠지기 전에 추가치료를 받아야 안정된 결과를 유지할수 있다.

⑥ 급격한 체중 감소, 질병, 피로로 효과기간이 단축될 수도 있으므로 수면부족이나 과로를 가능한 한 삼간다.

⑦ 경락과 같은 강한 마사지는 시술 부위를 울퉁불퉁하게 하고 필러의 효과를 떨어뜨리거나 지속시간을 단축시킬 수 있으므로 삼간다. 가벼운 마사지는 1~2주 이후부터 받는 것이 좋다. 필러 시술 후 마사지를 하지 않는 것을 선호하는 의사부터 마사지를 부위에 따라 많이 하는 것을 선호하는 의사까지 다양한 의견이 있지만, 마사지 시행여부가 필러 시술 부위의 지속기간에 영향을 준다는 객관적인 증거는 아직 찾아 볼 수 없으며, 마사지는 일반적으로 적절히 시행하게 되면 단점보다 장점이 많다는 견해가 더 우세하다.

⑧ 필러 시술 후 2~3일 동안은 술, 담배 등 자극적인 것은 삼가야 한다.

⑨ 시술 부위를 자주 손대지 말고, 시술 후 3~4일 동안은 얼굴 근육을 과도하게 사용하거나 시술 부위를 누르지 않는다.

⑩ 시술 후 세안과 메이크업은 3시간 이후부터 가능하다.

⑪ 음주와 관련된 직업을 가진 사람들은 꼭 항생제를 복용해야 한다.

⑫ 필러를 코에 시술한 경우는 1주일 동안 안경 착용을 금한다.

⑬ 통증이나 홍반 같은 현상이 3~5일 동안 지속되거나 결절이 느껴지는 경우에는 의사와 상담하고 조언에 따른다.

⑭ 시술 후 2~4주 동안 교정이 필요할 수 있으며 결과를 유지하기 위하여서는 주기적으로 추가적인 시술이 필요하다.

2. 필러의 종류

(1) 자가지방이식

자가지방이식은 오래 전부터 시도되어 왔지만 1980년 성형외과에서 지방 제거술이 보편화되면서 지방이식에 의한 필러법이 인기를 끌게 되었다. 깊은 주름, 눈가주름, 스마일 라인의 주름, 그리고 가는 입술과 같이 확대를 하고자 하는 부위를 치료하기 위해 복부, 엉덩이, 허벅지 등 지방이 많은 부위에서 채취한 커다란 지방세포를 작고 균일하게 분리하여 원하는 시술 부위에 주입하는 미세지방이식술 방법으로 얼굴 윤곽이나 체형 교정 시 이용되고 콜라겐 주입술보다 복잡하고 어려우며 무균상태에서 이루어진다. 1~2주 정도 피멍과 붓기가 지속되며 주입된 지방세포의 평균 50%는 흡수된다는 것을 고려하여 조금 과다하게 주입한다. 부작용이나 알레르기 반응으로부터 안전하며 경제성, 간편성, 자연스러움, 흉터가 남지 않는 등의 장점이 있지만 인체에 빨리 흡수되기 때문에 지속성이 짧은 단점이 있다.

- 안면 부위 : 꺼진 볼살, 관자놀이와 팔자주름, 이마와 코, 팔자주름, 앞광대와 눈위 및 눈밑 등의 볼륨업을 원하는 경우
- 필러 후 스킨케어 : 흑청색 수술 자국을 위한 카무플라주(위장) 메이크업과 붓기와 주입된 지방이 매끄럽고 신속하게 융합될 수 있게 부드러운 관리를 한다.

(2) 콜라겐(Collagen)

고도로 정제하여 추출한 콜라겐은 피부 함몰 부위의 필러 재료로 최적의 물질이다. 어린 송아지의 피부에서 추출하여 제조하며 97~98%의 경우는 부작용이 없으나 1회 이상 피부 알레르기 반응 테스트가 필요하다. 주입 후에도 주위 결합조직과 융합하여 위화감이 없는 장점이 있다.

- 종류 : zyplast, rezoplast, artecoll, zyderm I, II 등
- 적응증 : 이마, 미간, 눈꼬리, 코밑 스마일 라인 등의 노화주름과 표정주름, 입술교정, 상처나 수술 후의 흉터부위
- 방법 : 가는 주삿바늘로 진피 내에 직접 콜라겐을 보충하여 진피 두께를 증가시켜 함몰 부위를 호전시킨다.

(3) 히알루론산 유도체

히알루론산 유도체는 동물성 단백질이 아니라, 주성분은 다당류로 동물의 관절액, 연골, 피부 등에 존재하는 점다당질인 히알루론산 중합체이므로 진피에 볼륨을 줄 수 있는 주입물질이다. 피부반응검사 없이 사용할 수 있는 장점이 있고 콜라겐보다 빨리 피부 속에서 흡수된다.

- 종류 : 레스틸렌, 메트리덱스, 히알라폼, 이에이엘 시스템
- 적응증 : 피부의 볼륨을 증가시키기 위해 주름, 흉터 등
- 방법 : 주사로 직접 주입하는 콜라겐 시술 방법과 거의 동일

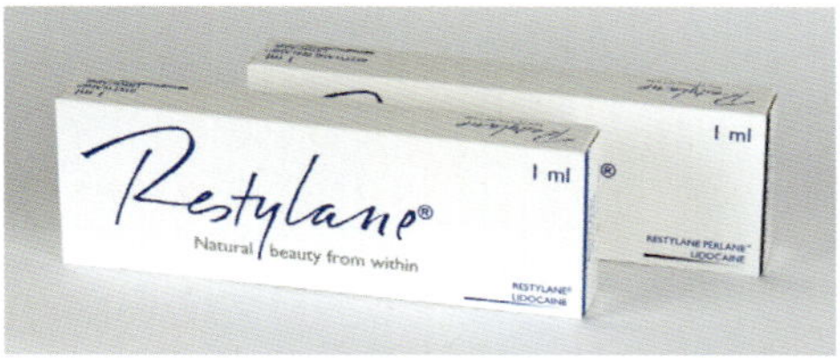

그림 2-2 레스틸렌 (restylane)

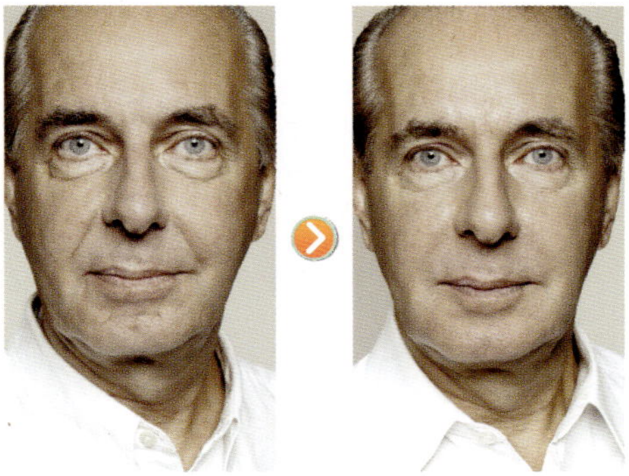

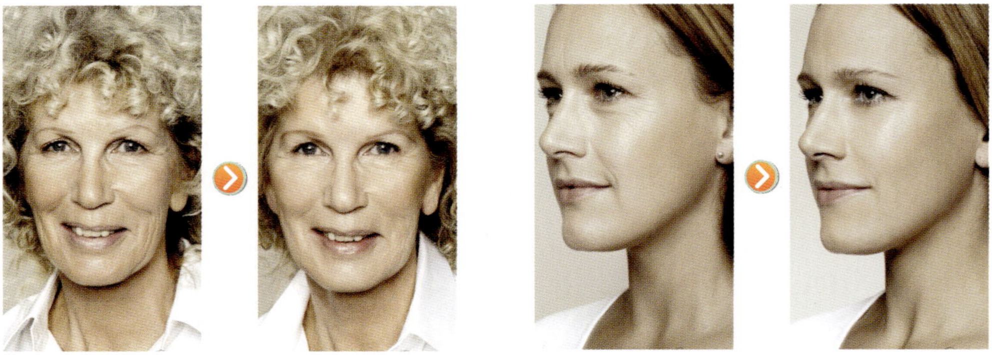

그림 2-3 레스틸렌 요법 시술 전과 후

(4) 합성물질

고어텍스, 실리콘, 바이오폴리머 III, 바이오 플라스티크 등을 이용한다.

① 폴리아크릴아미드(polyacrylamide: PAAG) : 물과 폴리아크릴아미드 주요성분인 고분자 교차결합 구조의 중합체로 실리콘 겔과 마찬가지로 인체 세포막을

통과할 수 없기 때문에 흡수가 되지 않는다.

② 고어텍스 : 어느 정도 영구적이어서 코를 높일 때와 깊은 주름에 많이 사용되며 2~3mm 절개하여 삽입하는 방법이므로 감염, 이물감, 통증, 흉터, 혈종 등의 부작용이 발생할 수 있다.

③ 실리콘 : 인체에 유해한 반응을 일으킬 수 있어 거의 사용하지 않는 제품이다.

④ 래디어스(칼슘 복합) : 최근 미국 FDA가 얼굴주름 치료제 래디어스(radiesse) 판매를 승인하였으며 칼슘, 인산이온과 젤 캐리어가 배합된 필러제품이다. 체내성분과 동일한 칼슘미네랄 성분으로 알레르기와 이물반응의 부작용이 없다.

그밖에 자가 콜라겐(오토로겐, 이소라겐), 인체유도 콜라겐(더마로겐, 알로덤, 시메트라, 코스모덤)이 있다.

3. 보톡스 주사

1981년 처음 미용목적으로 사용되었고 *Clostridium botulinum* 균의 발효·배양에서 생성된 보툴리눔(*botulinum*)이라는 신경독소를 운동신경과 근육이 만나는 부위에 주사하는 것이다. 그러므로 반드시 얼굴의 해부학적 지식을 이해한 상태에서 시술해야 한다. 일시적으로 근육수축이 억제되어 근육을 마비시킴으로써 근육 힘을 약화시켜 피부주름을 없애는 목적으로 사용하며 특히 동작으로 움직이는 근육에만 효과가 있다.

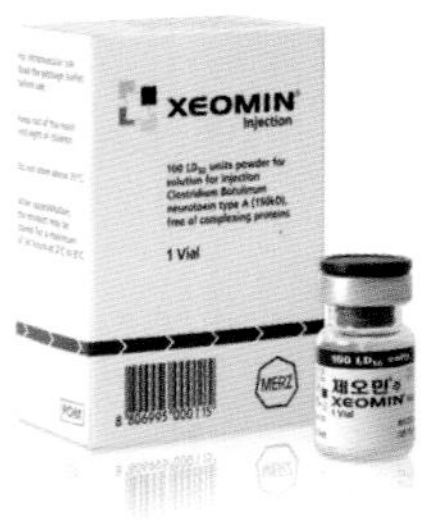

그림 2-4 보톡스 제품

1989년 미국 FDA의 승인을 받아 안과에서 사시치료제로 사용된 이후 안면경련, 근강직 등 신경질환에도 사용되다가 현재 얼굴 주름살을 치료하는 약물로 사용되고 있으며 고액의 치료비용이 든다. 1994년 Smith와 Moore 등은 보툴리눔 독소를 적용하여 주사만으로 간단히 교근(깨물근 : 깨무는 근육)을 축소하는 방법을 발표한 후 현재 사각턱 축소술에 보편적으로 사용되고 있다.

- 종류 : 보톡스, 디스포트, 제오민, 메디톡신, 보툴렉스, 마이아블록
- 적응증 : 눈꼬리, 상하 눈꺼풀, 이마, 미간 등의 표정주름, 사각턱 축소
- 금기 : 전신성 신경근 접합부의 장애가 있는 환자(중증 근무력증, 근위축성측색 경화증), 임신, 수유부, 이 제재의 성분에 대해 과민증 병력이 있는 경우

- 부작용 : 일과성 두통, 주사통증, 부종, 홍반, 저리는 느낌, 피하출혈, 좌우 불균형, 눈썹 외측 올라가는 부자연스러움, 구강건조, 감기증상
- 약효기간 : 1회 주사 시 6개월 정도

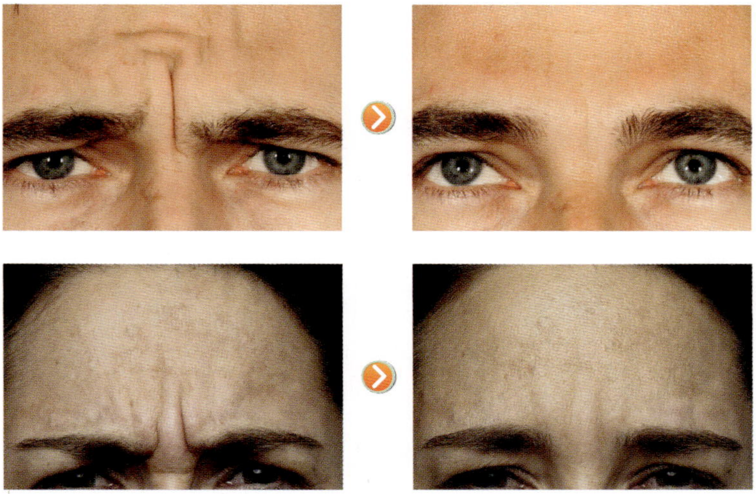

그림 2-5 보톡스 시술 전과 후

[시술 후 주의사항]

① 시술 후 당일부터 3일 동안 사우나, 찜질방 등의 출입은 삼간다.

② 시술 직후 3~4시간은 누워있는 자세를 삼간다.

③ 2~3주 동안 마사지는 피한다.

④ 턱 보톡스를 받은 경우, 질기고 딱딱한 음식(오징어, 껌 등)을 먹지 않는다.

⑤ 눈가, 이마, 미간에 시술을 받은 경우 표정을 지을 때 1~2주간 어색한 느낌이 느껴지나 곧 자연스러워진다.

4. 실을 이용한 리프팅

러시아의 Martene. A. Sulamaidge라는 의사가 최초로 개발한 것으로 알려져 있다. 최근 미국을 비롯한 우리나라에서 개선된 시술방법이 나오고 있으며 최근 가장 인기있는 시술방법이다. APTOS는 Anti-ptosis의 줄임말로 처진 것을 팽팽하게 만든다는 의미이다.

특수하게 제작된 실을 피부에 넣어서 얼굴에 리프팅 시술을 한 것과 같은 효과를 낼 수 있다. 시술 후 자국이나 흉터가 생기지 않으며 평균 5~6년 정도 유지된다.

- 적응증 : 이마, 눈가주름, 눈꼬리가 처진 경우, 광대뼈 부위가 늘어져서 입가의 팔자주름이 심해보이는 경우, 볼살이 처져서 턱 라인이 늘어져 보이는 경우, 목의 늘어진 주름, 피부의 탄력성이 떨어진 경우

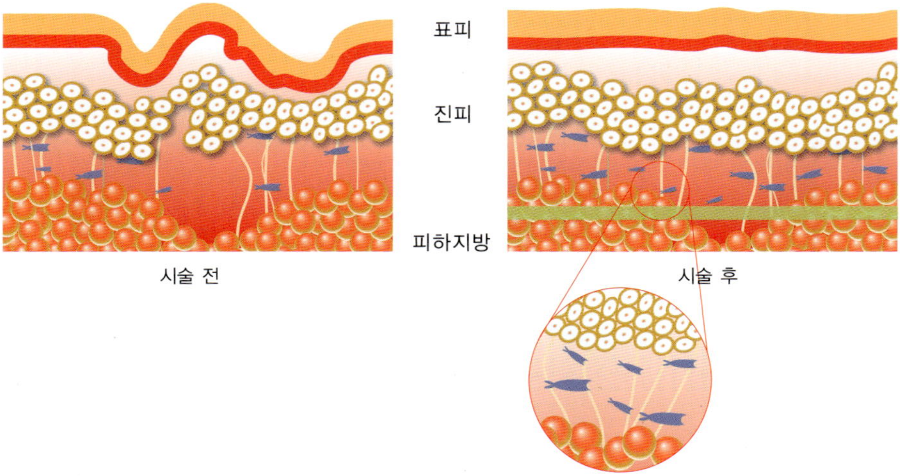

그림 2-6 금실 리프팅

[시술 후 주의사항]

① 붓기, 주삿바늘 자국, 멍이 생길 수 있으나 2~3일 안에 거의 해소된다.
② 시술 부위가 과하게 교정되는 경우 2~3일 안에 다시 교정하면 된다.
③ 시술 부위가 당기는 느낌이나 근질근질한 느낌이 있을 수 있다.
④ 시술 후 2~3일간 근육을 과도하게 사용하거나 시술 부위를 압박하면 안 된다.

5. 눈 성형수술

(1) 쌍꺼풀 수술

아시아인의 경우 약 20%정도만 쌍꺼풀이 있다. 시원하고 아름다운 눈매 연출을 위해 쌍꺼풀 수술은 일반화되고 있다. 매몰법, 부분 절개법, 완전 절개법, 앞트임, 뒤트임 등 여러 종류가 있으며 수술방법이 갈수록 진화되고 있다.

(2) 눈 위쪽 성형술

노화로 인한 안검(눈꺼풀)의 처짐이 나타날 때 많이 시술한다.

• 눈썹 및 피부 거상술
• 쌍꺼풀 위 피부 절제
• 눈 위 지방제거술

(3) 눈밑 성형술

노화로 인한 안검의 처짐 현상과 다크서클이 있는 경우에 많이 시술한다.

• 눈밑 피부 및 지방제거술

6. 안면 거상술

골격조각, 이식물질이나 지방조직을 사용하여 조각한다.

• 광대뼈 교정술
• 사각턱 교정술

7. 얼굴 윤곽술

8. 코 성형수술

• 개방형 코수술
• 비개방형 코수술(한쪽 콧구멍)
• 비중격성형술 : 연골
• 매부리코 수술
• 코뼈 좁히기
• 귀연골 이식
• 콧볼 줄이기
• 코끝 연골 제거 또는 연골 묶기

Chapter 3

피부유형별 메디컬 스킨케어

Chapter 3

피부유형별 메디컬 스킨케어

1. 건성피부(dry skin) 관리

건성피부는 피지샘과 땀샘의 활동이 저하되어 가벼운 각질과 가려움을 동반하며 피부당김을 느끼게 된다. 원인으로는 유전인자 외에도 피부관리 소홀과 피부의 과다한 자극(태양노출, 바람, 대기오염, 추위, pH가 높은 비누 사용) 및 잘못된 세안 방법, 건조한 근무환경, 심한 다이어트, 노화, 잘못 선택된 화장품과 의약품 등의 환경적인 요인을 들 수 있다.

대체로 비타민 A가 부족하면 손톱이 갈라지고 입술이 잘 부르튼다. 추위나 세제에 민감한 반응을 보이며, 여성 갱년기나 노화에 의해 나타날 수 있다. 건성피부는 일반적으로 유분부족 피부와 수분부족 피부로 나눌 수 있다.

1. 건성피부의 종류

(1) 유분부족 건성피부

유분부족 건성피부는 피지샘의 기능이 저하되어 피지분비가 감소되어 얼굴에 윤기가 없으며 피부결이 거칠고 탄력성이 상실된다. 대체적으로 땀구멍과 모공은 섬세하며 유·수분부족으로 두피와 머릿결이 건조하게 된다. 온도와 물리적 자극(열, 압력)이나 정신적 압박, 긴장감이 지속되면 피부가 얼룩 모양으로 붉게 변하기도 한다. 유분이 많이 함유된 크림류를 장기간 사용하면 피지샘의 기능저하로 피부자체의 피지분비 배출량이 저하되어 건성이 될 수도 있다.

유분이 부족한 피부의 관리는 마사지 등으로 혈액순환을 활발하게 하고 피지샘을 자극하여 피지분비를 증가시켜 천연 기름막(천연 피지막)이 형성되도록 해야 하며, 규칙적인 피부관리가 필요하다.

(2) 수분부족 건성피부

피지분비는 정상이나 수분부족으로 인해 피부가 건조한 상태를 말한다. 일명 "탈수피부"라고도 한다. 이러한 피부에서는 수분부족으로 피부가 예민해지고 피부가 조기노화 상태로 된다. 피부조직이 얇고 모세혈관이 보이며 피부결은 거칠고 잔주름이 잘 형성된다. 수분부족 건성피부는 또 두 유형으로 구별할 수 있는데, 표피 수분부족 건성피부와 진피 수분부족 건성피부로 나눈다.

표피 수분부족 건성피부는 계절이 바뀌는 환절기에 일시적으로 나타나는 경우가 많으며 과다한 일광욕이나 뜨거운 목욕을 자주 하는 등의 외적 환경요인으로 오랫동안 건조한 환경에 놓이게 되면 피부의 수분증발이 지속적으로 일어나 표피가 건성화된다. 관리를 하지 않고 방치하면, 진피 건성피부로 악화된다.

진피 수분부족 건성피부는 내적인 원인으로 인해 수화기능 자체에 문제가 있는 경우이다. 섬유조직을 생성하는 섬유아세포(fibroblast)가 유리기(free radicals) 등에 의해 손상되거나 이상현상이 발생될 때 콜라겐(collagen)과 엘라스틴(elastin) 생성이 감소되는 현상이 나타나 발생한다.

따라서 이러한 유형의 피부관리는 수분공급을 주목적으로 하며 유분이 너무 많은 화장품은 피지샘의 자연스러운 기능을 억제할 수 있으므로 사용하지 않도록 한다.

2. 노화성 건성피부

노화로 인해 땀샘과 피지샘의 기능 저하로 인하여 천연 기름막(천연 피지막) 생성이 저하되어 피부의 수분이 부족하게 되어 건성피부가 된다.

3. 건성피부의 관리

① 기초손질을 충분하게 한다.

② 지나친 피지의 제거를 막기 위해 로션 형태의 클렌징 제품을 사용한다.

③ 혈액순환을 촉진시키기 위해 주 2~3회 정도 마사지를 하고 팩은 주 1~2회 하는 것이 좋다.

④ 실내의 습도를 적당하게 유지한다.

⑤ 비타민 A가 함유된 식품(녹황색 채소, 버터, 김, 달걀노른자 등)을 충분히 섭취한다.

4. 건성피부에 사용되는 화장품 성분

① 수분 손실을 억제해 주는 성분

- 미네랄 오일(mineral oil)
- 파라핀(paraffin)
- 스쿠알렌(squalene)
- 콩기름(soybean oil)
- 밀납(bees wax)
- 호호바 오일(jojoba oil)

② 함습제(Humectant)

- 히알루론산(hyaluronic acid)
- 뮤코다당류(mucopolysaccharides)
- 소르비톨(sorbitol)
- 글리세린(glycerin)
- 요소(urea)
- 젖산(lactic acid)
- 프로필렌 글리콜(propylene glycol)

③ 항산화제

- 베타카로틴(β-carotin)
- 비타민 C(ascorbic acid)
- 비타민 E(α-tocopherol)
- 코엔자임 Q10
- 플라보노이드(flavonoid)
- 폴리페놀(polyphenol)

5. 홈케어 권고사항

① 로션타입의 클렌징 제품을 사용한다.

② 화장수는 알코올이 함유되지 않은 것으로 사용한다.

③ 알칼리성이 강한 비누의 사용은 금한다.

④ 세안 시 뜨거운 물의 사용을 금한다.

⑤ 보습 크림, 재생 크림을 사용한다.

⑥ 크림은 유분이 함유된 것을 사용한다.

⑦ 잦은 사우나, 잦은 온욕은 금한다.

⑧ 충분한 양의 물을 마신다.

⑨ 아침 저녁으로 아이크림을 발라 준다.

표 3-1 건성피부의 스킨케어

순서	제품 및 기기	참고 사항
클렌징 (cleansing)	클렌징 로션	• 피부의 노폐물 제거 • 오염물질 제거 • 화장품을 제거
딥 클렌징 (deep cleansing)	효소 ,초음파, (스킨마스타, 스킨스크러버) 스크럽이 함유된 크림 A.H.A	• 묵은 각질, 모공 속의 분비물 제거 • 효소 성분은 파파인, 브로멜린 • 초음파기는 필링 모드로 한다. • A.H.A는 10% 정도 사용한다.
메디컬 스킨케어 및 기기관리	전기 영동법 초음파기	• 전기 영동법을 이용하여 수용성 보습 앰플을 침투시킨다. • 초음파기를 이용하여 앰플, 세럼, 젤 타입을 침투시킨다. • 초음파기는 토닝모드로 한다.
진정단계 (1차팩)	해초 마스크, 거즈를 이용한 수분 팩	• 보습효과
보습단계 (2차팩)	특수 마스크, 재생 마스크, 석고 마스크, 모델링 마스크	• 콜라겐 벨벳 • 고농축 영양성분이 주입된 마스크 • 석고 마스크, 모델링 마스크의 베이스크림으로 콜라겐 크림 사용
마무리	아이크림, 보습크림, 재생크림, 자외선 차단제	• 재생크림은 w/o 타입 • E.G.F 성분이 함유된 크림, 자외선 차단제는 유분이 함유된 제품
유의점	• 실내온도(18℃ 정도), 실내습도(40~60% 정도) 적정하게 유지 • 잦은 사우나 및 목욕 금지 • 목욕 후 보습제 사용 • 지나친 햇빛 노출 삼가	

2. 여드름 피부(acne skin) 관리

여드름은 지속적으로 발병하는 만성적 질환에 속하기 때문에, 의료적인 접근만으로 치료에 임했을 때는 극복하기 어려운 부분도 있다. 그래서 메디컬 스킨케어가 매우 효과적이다.

연고 외용제 등을 비롯한 의약품들은 치료제로서 효과적이긴 하지만, 약물에 의한 부작용의 문제도 고려하지 않을 수 없다. 따라서 피부관리실에서 청결과정, 압출과정, 진정·재생과정을 통해 서서히 여드름을 진정시키고 피부를 건강하게 해 주고 기능성화장품의 사용으로 여드름을 예방하는 점에 관심을 기울이게 되었다. 이러한 이유로 최근 피부과의 치료가 약물에만 의존하지 않고 피부관리와 접목하여 치료와 관리를 병행하고 있다.

최근 20~30년 동안의 시행착오를 거친 후, 여드름 피부의 치료와 그 치료효과의 지속을 위해서 의료적인 접근과 피부관리적 접근이 서로 연계되었을 때 최상의 결과를 얻을 수 있다는 사실이 밝혀졌다. 이를 피부과 전문의와 피부관리사 모두가 인지하게 됨으로써 이제 여드름은 치료가 잘되는 피부질환의 하나가 되었다.

1. 여드름(Acne)의 정의

여드름은 모공 옆에 붙어 있는 피지선에서 피지의 분비가 많아지고, 동시에 모공 입구에서 각질 형성이 증가되어 배출 입구가 막혀 피지 및 불순물 덩어리가 고여서 빠져 나오지 못한 채 점점 더 커지게 되어 딱딱한 덩어리가 자리 잡거나 혹은 박테리아들이 모여들어 감염 증세를 일으켜 염증으로 발전하게 되는 것이 여드름이다.

여드름은 유전적인 질병으로서 모공 내의 각질이 두꺼워지는 현상으로 인해 피지 배출이 억제되어 발생된 염증성또는 비염증성 피부질환이며, 흔히 사춘기 동안에 호르몬의 변화로 인해 피지선 기능이 과도해지는 현상으로 인해 발생한다.

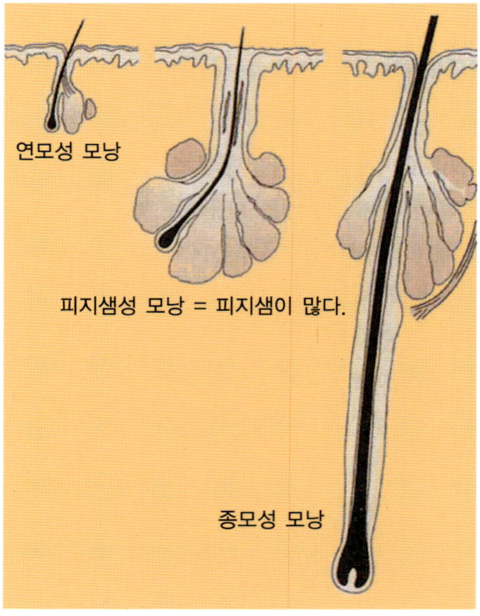

그림 3-1 모낭형태

그림 3-2 모공에 각질이 쌓여서 생긴 여드름

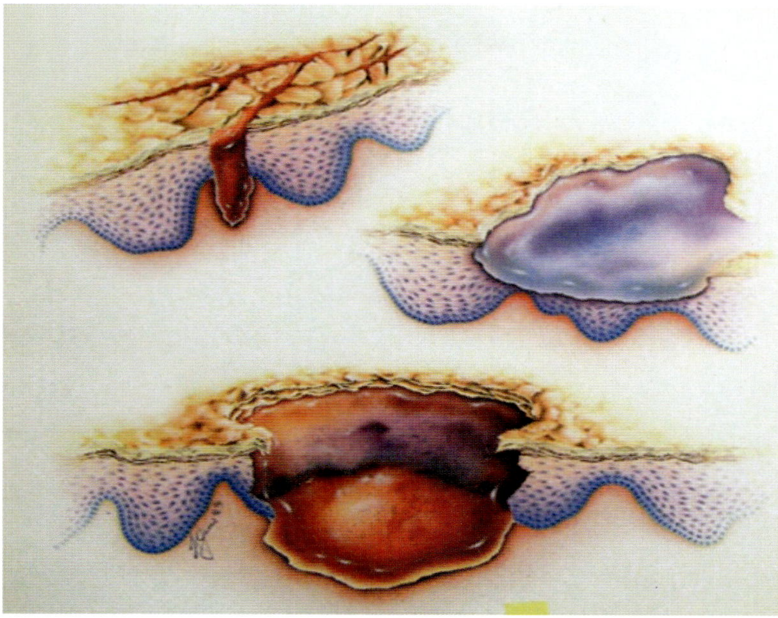

그림 3-3 피부손상을 가져오는 여드름

2. 여드름(Acne) 발생기전

(1) 내적 요인

1) 과잉 피지 분비(seborrhea)

스트레스나 호르몬의 영향으로 자극받은 피지선은 피지의 생산을 촉진시킴으로써, 과도하게 분비된 피지가 모공 안을 가득 채우게 된다.

2) 과각질화(hyperkeratosis)

피지의 과도한 생산과 더불어 모공 입구에서는 과각질화 현상(hyperkeratosis)이 촉진되어 모공의 입구가 더욱 좁혀지거나 막히게 된다. 표피 상층부의 각질의 과다 생성과 모낭 내의 과각질화는 모공의 입구를 막는 큰 원인이 된다.

3) 면포형성

모공 안을 가득 채우고 있는 피지 등은 밖으로의 흐름을 멈추고 모공 안에 갇혀 정체되는데, 이 갇힌 피지 덩어리들과 다른 불순물들이 엉켜서 면포성 여드름(comedone)을 이루게 된다. 모공의 막힘에 의해 발생되는 면포성 여드름은 보통 비염증성으로 간주되며 백색면포(whitehead)와 흑색면포(blackhead)가 이에 속한다.

4) *Propionibacterium Acne*의 증식에 의한 염증유발

모공 안에 피지의 양이 많아지면 박테리아(bacteria)들이 활동하게 되는데, 이 박테리아들이 피지 성분들을 탐식하고 난 후에 생긴 부산물들인 자유지방산들이 모공 안을 심하게 자극하면서 염증을 유발시킨다.

P.Acne 균은 혐기성균으로 항균제와 산소를 공급해야 균의 증식이 억제되는 효과를 보인다.

5) 모낭의 파열에 의한 흉터(scar) 형성

적시에 적절한 치료를 받지 않으면 이 염증 상태는 표피뿐만 아니라 진피 하단 부분으로 유리되어 모낭벽을 파열시킨다. 모낭 조직의 손상은 모낭의 파열을, 조직의 손상은 여드름 흉터(acne scar)를 남기게 된다.

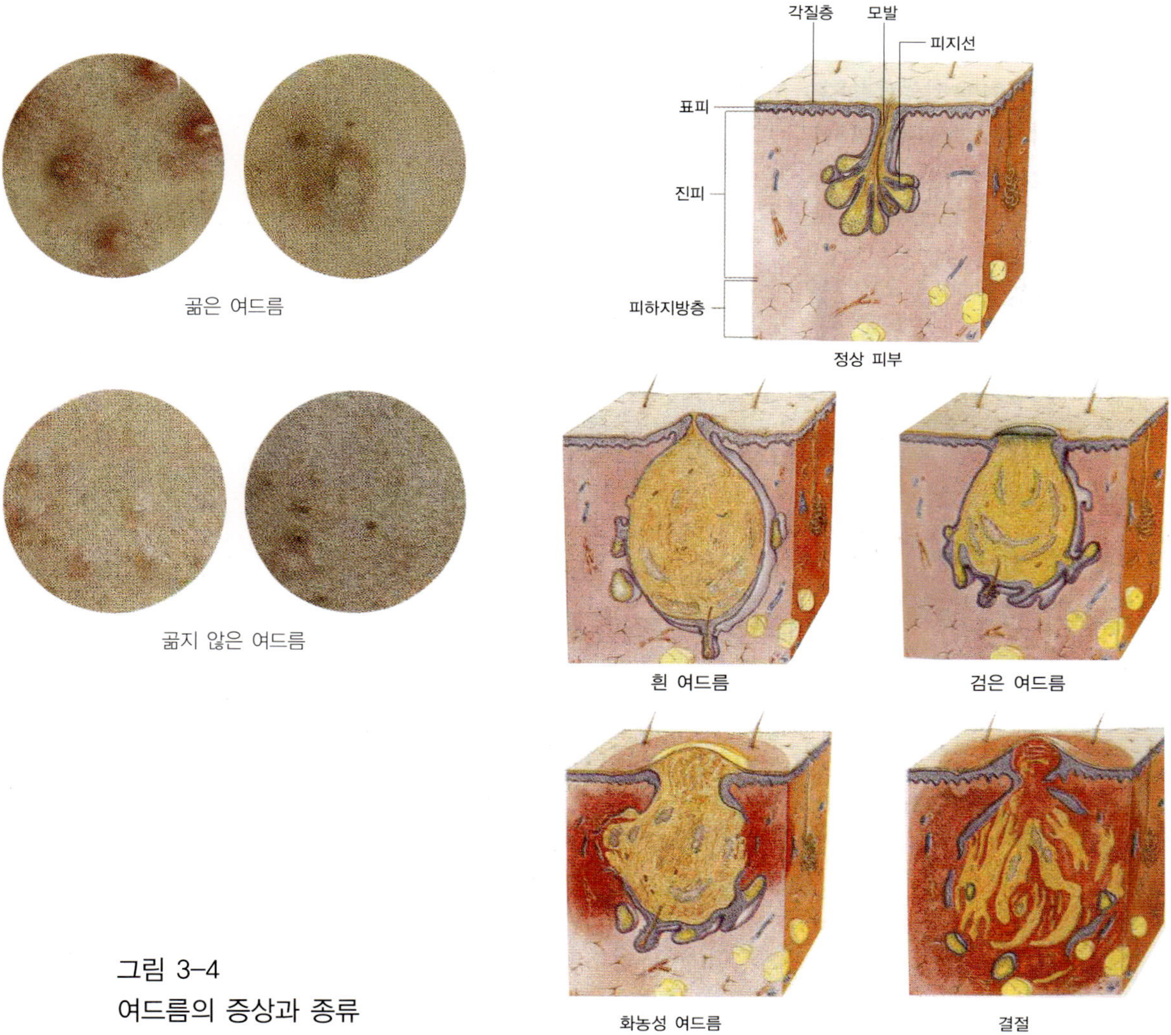

그림 3-4
여드름의 증상과 종류

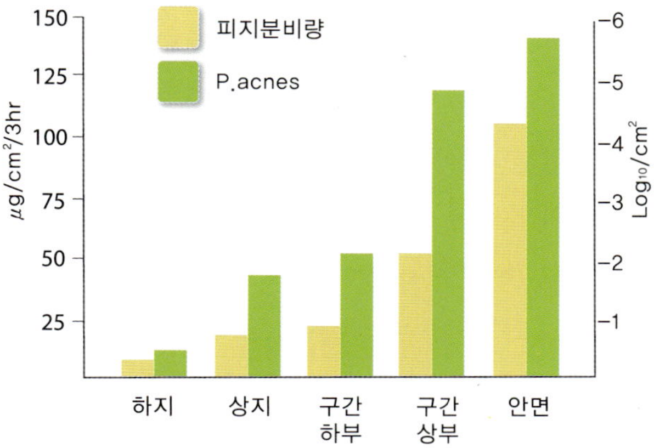

그림 3-5
신체 각 부위의 *p.acnes* 양과 피지량

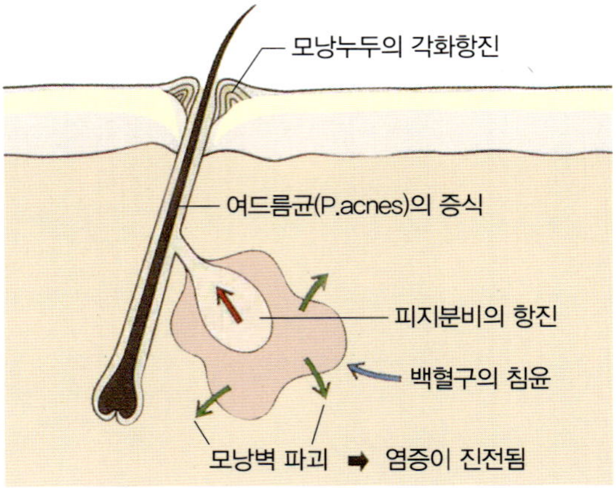

그림 3-6 염증성 여드름의 메커니즘

3. 여드름 악화 원인

(1) 내적 요인

1) 스트레스(stress)

스트레스는 뇌하수체(pituitary gland)를 자극하여 부신피질자극호르몬(ACTH)을 증가시키는데, 결과적으로 부신피질이 보다 많은 코티졸(cortisol)의 분비를 촉진시켜 여드름의 발생을 유도한다.

2) 호르몬(hormones)

여드름의 발병 상태를 살펴보면, 우리의 일생 중 성호르몬의 변화가 극심한 사춘기 때나, 여성의 경우에는 생리 전에 그리고 임신 초 혹은 폐경기를 전후하여 악화되는 것을 볼 수 있다. 피지선을 자극하여 여드름 유발을 촉진시키는 호르몬으로는 대표적으로 남성 호르몬인 테스토스테론(testosterone)이며, 여성 호르몬 중 임신에 관여되는 황체호르몬도 관련이 있는 것으로 알려져 있다.

여성이든 남성이든 사춘기를 전후하여 테스토스테론의 생산이 증가하게 되면, 이것이 인체의 혈관을 따라 흐르다가 피부에 도달하게 된다. 피부에는 5-α-reductase라는 효소가 존재하여 테스토스테론을 Dihydro-testosterone(DHT)으로 변화시키는데, 이 DHT 호르몬이 피지선을 자극하고 촉진시킨다. 결국 여드름 발생의 주요 요인 중 하나인 과다한 피지를 분비시키는 것이 바로 남성 호르몬의 하나인 DHT이다.

또한 여성 여드름 환자들은 대부분이 황체호르몬(progesterone)의 분비가 높을 때, 즉 배란기를 전후하여 월경하는 날까지, 그리고 임신 3개월 정도까지의 기간에 여드름이 악화되고, 에스트로겐(estrogen)의 분비가 높은 다른 기간 동안에는 피부의 상태가 좋아진다. 따라서 황체호르몬이 여성의 여드름 발생과 관련이 있다고 여러 전문의들은 말하고 있지만 황체호르몬이 여드름의 발생과 악화에 직접적인 영향을 주는 것에 대한 정확한 근거는 없다. 그러나 이 호르몬의 분비가 높아지는 시기에 여드름이 악화되는 것은 분명한 사실이다.

3) 비타민(vitamin) 부족

비타민 B_2, 비타민 B_6의 성분이 부족할 경우에 피부의 자체능력인 피지조절 항염작용의 기능이 떨어져서 여드름이 발생할 수 있다.

4) 내장기 장애

건강을 유지하기 위해 영양의 섭취와 저장 및 노폐물을 체외로 보내는 역할을 하는 것이 위장과 간장이다. 그런데 그 활동이 둔해지면 영양의 균형이 깨어지고 호르몬의 분비도 불균형이 되어 여드름의 악화를 초래한다.

5) 약제 사용 휴유증

스테로이드 제제(steroid drugs), 피임약, 여성 호르몬, 간질에 처방되는 약인 딜란틴(dilantin), 우울증 치료제로 쓰이는 리튬(lithium) 등의 부작용으로 여드름이 발생할 수 있다.

(2) 외적 요인

1) 화장품

얼굴에 사용하는 화장품들이 잘못 사용되었을 때 피부에 트러블을 일으키는 경우들이 많다. 화장품은 수분과 지방이 결합된 유화(emulisifying) 상태에 있기 때문에, 특히 지방 성분들 중에 모공의 입구를 막고 자극을 줄 수 있는 물질들이 많이 숨어 있다. 모공을 막는 지방성분들을 comedogenic(여드름 유발) 성분이라고 하는데, 동물성 오일들, 이소프로필 미리스테이트(isopropyl myristate)류, 석탄에서 추출한 D&C 색소, 미네랄 오일 등이 이에 속한다.

2) 세균 감염

피부의 약산성 막이 오랫동안 표면에 있을 때 알칼리성으로 변화되어 균이 모낭 내에 쉽게 침투 가능한 상태가 된다.

3) 압력과 마찰(pressure & friction)

여드름이 나기 쉬운 피부는 물리적인 접촉에도 주의를 기울여야 한다.

4) 열과 습도

열로 인해 혈액의 흐름이 많아지고, 이에 따라 염증현상이 더욱 자극받을 수 있다. 염증성 여드름 환자에게 스티머(vaporizer)를 많이 쏘여 주면 오히려 염증이 악화되고 붉음증이 오래 지속될 수 있으니 이를 감안하여 치료과정을 선택해야 한다.

5) 부적절한 음식물(generally poor diet)

어떤 음식이 여드름에 영향을 주느냐에 대해서는 아직도 논란의 여지가 있다.

최근에 조심스럽게 제기되고 있는 것은, 설탕함유 식품의 섭취로 인해 인체에 혈당 함유량이 높아지면 인슐린의 생산이 방해를 받을 수 있기 때문에 호르몬의 불균형을 초래하여 여드름 발생의 가능성도 높아질 수 있다는 것이다. 또한 기름기가 많은 음식과 육류, 그리고 인스턴트 음식을 많이 섭취하면 여드름이 발생된다는 것이다.

6) 햇빛(sunlight)

여드름을 일으키는 *P. Acne* 균은 스스로 포르피린(porphyrin)이라는 특수 물질을 만들어 내는 특성이 있다.

그런데 이 포르피린이라는 특수한 물질은 햇빛을 받으면 독성물질로 변하는 성질을 지니고 있다. 그러므로 적외선, 가시광선, 자외선이 모두 포함된 햇빛을 받으면 여드름 악화 요인으로 작용할 수 있다.

4. 메디컬에서의 여드름 관리

여드름의 형태와 단계에 따라 여드름이 생성된 곳에 직접 약을 바르거나 주사를 놓는 국소치료, 약을 복용하는 전신치료, 여드름을 짜는 물리적 치료를 복합적으로 사용한다.

여드름의 치료효과는 보통 2~4주 이상 걸리는 경우가 많으므로 인내심을 갖고 치료받는 것이 중요하다. 특히 화장품이나 복용하고 있는 약이 여드름과 유사한 발진을 유발시킬 수 있으므로 의사에게 환자가 현재 사용하고 있는 피부용 제재나 약물에 대한 정보를 제공함으로써 빠른 치유 효과를 기대할 수 있다.

(1) 여드름 국소 치료제

가장 일반적인 치료로서 약을 먹는 치료보다 훨씬 안전하고 경제적이다.

① 면포성 여드름 – 비타민 A 산 연고(Retinoic acid, tretinoin) 보통 0.01~0.05%

② 염증성 여드름 – 벤조일 퍼옥시드(BP), 브레복실, 디페린겔

③ 일반 여드름과 농포성 여드름 – 국소 도포 항생제
(클로암페니콜, 에리스로마이신, 테트라시클린, 클린다마이신, 클루콘 산 클로헥시딘, 염산크롤로헥시딘, 염화벤잘코니움, 트리클로산)

④ 각질박리 및 각질용해 성분 – resorcinol, 유황, 살리실산, 비타민 A 산, A.H.A, B.H.A

(2) 여드름 전신 치료제

1) 테트라사이클린(tetracycline)

먹는 항생제로 *P.acnes* 박테리아의 성장을 억제하고, 염증현상을 감소시킨다. 그러나 광예민성(photosensitization)이 있고 임산부 및 12세 이하의 어린이에게는 사용이 금지되며, 콩팥 기능 장애가 있는 사람에게도 사용이 금지되며 치아에 착색이 된다.

2) 이소트레티노인(isotretinoin) – 로아큐탄(roaccutan)

최근에 개발된 가장 혁신적인 여드름 치료제이며 비타민 A의 파생물로서, 피지(sebum) 생산과 과각질화 현상도 감소시켜 주는 작용을 한다. 그러나 피부가 건조해지고 간 기능의 변화를 가져오며 임신 중 기형아 출산 가능성이 높기 때문에 수유하는 여성이나 최소 6개월 이내에 임신할 계획이 있는 여성은 복용해서는 안 된다.

3) 경구피임제(oral contraceptive)

에스트로겐과 코티손(cortisone)이 복합되어 있는 피임약은 여성들의 부신에서 생산되는 남성 호르몬을 억제하는 작용을 한다.

피지 감소 효과가 25% 정도라고 한다. 처음에는 그 효과가 늦게 나타나는 것 같으나, 6주 이상부터는 효과가 눈에 띄게 나타나며, 대략 3~4개월 정도 복용시킨다. 하지만 부작용 문제 때문에 실제 치료에 적용되는 경우는 별로 없다.

4) 에리트로마이신(Erythromycin)

테트라시클린(TC)을 사용할 수 없는 경우에 좋은 대체약제이다. *P.acnes* 박테리아의 성장을 억제하고, 염증현상을 감소시킨다. 임산부나 소아의 사용에도 비교적 안전하나 위장관계 부작용이 흔하게 나타난다.

5. 여드름의 등급별 분류와 효과적인 치료방법

1) 1등급

가장 약한 등급으로, 폐쇄된 형태의 백색면포(whitehead)와 개방된 형태의 흑색면포(blackhead)가 복합되어 있으면 염증성 여드름이 거의 없는 상태이다. 비염증성인 면포성 여드름은 각질층의 제거와 2차 감염을 막는 데 중점을 두며 스케일링(scaling)을 하거나 비타민 A 산 제재 계통의 연고를 사용한다.

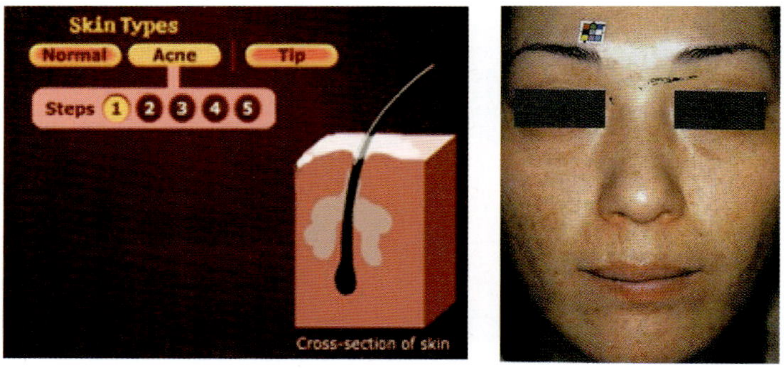

그림 3-7 1등급 여드름

2) 2등급

주로 백색면포가 있으며, 자잘한 크기의 백색면포는 모공의 입구가 꽉 막혀 있어 밖으로 나가지는 못하고 안에서 점점 커지거나 혹은 염증상태(papule)로 진행된다. 2등급에서의 관리가 제대로 이루어지지 않았을 경우 3등급으로의 확산이 빠른 경우가 많다. 스케일링(scaling)을 실시한 후 진정관리를 병행하고 항염·항균 치료와 더불어 피지선의 정상 기능을 회복시키는 치료가 필요하다.

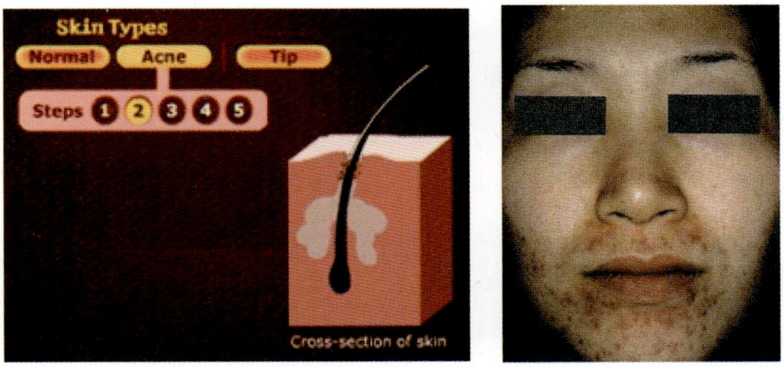

그림 3-8 2등급 여드름

3) 3등급

적당히 성숙된 백색면포와 흑색면포들과 더불어 전형적인 염증성 여드름인 구진(papule)과 농포(pustule)가 혼합되어 나타나 있으며 약간의 결절이 보이는 경우도 있다.

농포는 고름 제거 후 항산화제를 이용하여 피부재생을 돕고 스케일링, 비타민 A산 제재 계통의 연고사용, B·P연고, 디페린겔, 브레복실 등의 여드름 연고를 부분적으로 사용하여 염증완화와 살균 소독을 도와 치료의 효과를 높인다.

또한 결절(nodules)은 일반 여드름 관리방법만으로 효과를 보기 힘들며 색소 침착이 되어 어두워져 있다. 따라서 색소관리도 함께 하거나 결절 부위에 트리암시놀론(triamcinolone)을 직접 주사하기도 한다.

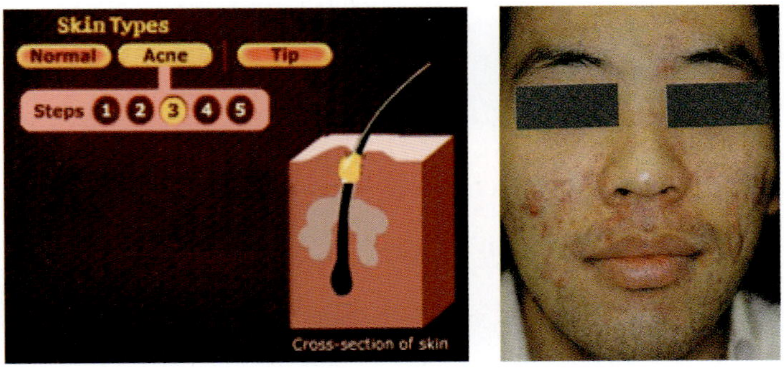

그림 3-9 3등급 여드름

4) 4등급

3등급의 상태에 보다 크기가 큰 결절과 엄청난 크기의 낭포(cyst)까지 혼합되어 있으므로, 매우 심각하고 흉측스러워 보이기까지 한다.

스케일링(scaling)은 어느 정도의 재생 관리를 해준 다음에 시행되어야 하며, 여드름 압출기로 제거하면 조직의 손상이 심화되므로 면봉이나 거즈를 이용하고 아이소트레티노인(isotretinoin)이나 로아큐탄(roaccutan)을 복용한다.

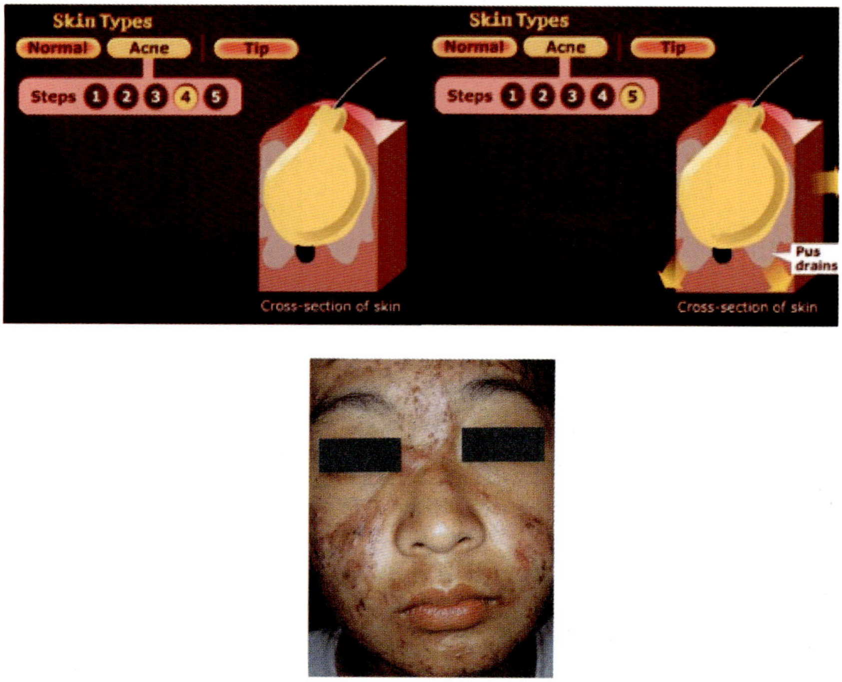

그림 3-10 4등급 여드름

6. 여드름 치료에 효과적인 활성성분들

1) 알파 하이드록시 산(AHA alpha hydroxy acid)

AHA는 우리가 일상적으로 접할 수 있는 사탕수수, 포도, 사과 등 일반 과일등에서 추출한 과일 추출액으로, 천연성분에서 얻을 수 있는 많은 장점들을 활용하면서 영양공급이나 보습과 더불어 여드름 치료 효과를 얻을 수 있다.

각질세포와 각질세포 사이의 접착물질을 와해시켜, 각질 탈락을 촉진시키는 작용을 한다. 레틴 A를 비롯한 다른 약제들이 각질을 탈락하는 과정에서 건조함을 동반하는 것과는 달리, A.H.A는 수용성 물질이어서 피부에 수분을 공급하는 작용을 함께 한다.

여드름은 단기간에 완치가 되는 질병이 아니므로 A.H.A를 꾸준히 화장품처럼 사용하면, 모공을 막고 있는 각질을 지속적으로 제거해주므로 피부를 부드럽게 하고, 여드름을 예방할 수 있다.

2) 살리실산(salicylic acid-BHA)

BHA(beta hydroxy acid)로 베타 탄소에 하이드록실기가 있다. 미국에서는 비처방제로 OTC에서 광범위하게 사용되고 있는데, 각질분해(keratolytic) 기능과 함께 지용성 용매제로서 모공 속의 피지를 용해하여 감소시키는 기능을 가지고 있기 때문에 여드름 치료제로 널리 사용되고 있다.

3) 설퍼(sulfur)

유분과 수분을 흡수하는 뛰어난 흡착력을 이용하여 여드름 병변 부위에만 집중적으로 사용하면, 여드름 덩어리와 진물들을 빨리 건조시켜 여드름 진행을 중단시킬 수 있으며, 팩의 형태로 얼굴 전체에 도포하면 피지 분비가 왕성한 지성피부의 기름기와 불순물들을 흡착하여 피부를 정화하며, 박테리아를 살균하는 항생효능도 있다.

4) 에센셜 오일(essential oil)

치료적 효능을 지니고 있는 물질로서 독특한 향기물질을 얻어내어 마음을 편안하게 하고 정신과 신체의 질병을 관리 또는 치료하여 육체적으로나 정신적으로 동일하고 안정적인 상태를 유지하도록 도와주는 약용식물들에서 추출한 성분을 말한다.

Check Point

• 여드름 피부에 사용하는 에센셜 오일들

bergamot	camphor(white)	canage	cedarwood
clove bud	galbanum	geranium	grapefruit
helichrysum	juniper	lavandi	lavendar
lemon	lemongrass	lime	linaloe
litsea	cubeba	mandarin	myrtle
niaouli	palmarosa	patchouli	petitgrain
rosemary	rosewood	sage	sandalwood
teatree	thyme	vetiver	violet
yarrow	ylang ylang	chamomile(blue, roman)	
mint(peppermint, spearmint)			

놀라운 진정효과와 항염효과를 가지고 있어 여드름뿐만 아니라 다양한 피부문제들에 활용할 수 있다.

5) 효소들

여드름의 원인이 되는 모공을 덮고 있는 죽은 각질들을 제거하기 위해 다양한 효소들이 사용되고 있다. 파파야 열매에서 추출한 파파인(papain), 파인애플에서 추출되는 브로멜린(bromelain), 단백질 분해 효소인 펩신(pepsin)과 트립신(trypsin) 등이 있다.

6) 알로에 베라(aloe vera)

알로에 식물의 잎에서 즙을 짜서 얻어내며, 국부에 사용 시 급성염증과 가려움증을 완화시키고, 통증도 감소시키며, 상처 치유력이 있으므로 피부에 화상이나 상처를 입었을 때 신속한 치료효과를 얻을 수 있다.

7) 퓨리파잉 머드(purifying clays-mud)

피지와 여러 불순물들을 흡착하고, 외피에 자연보습인자(NMF) 레벨을 상승시켜 수분 보유력을 높여주는 효과가 있어 주로 팩(mask) 제로 사용된다.

7. 여드름 관리 프로그램

여드름 피부 고객은 병원에서의 치료뿐 아니라 홈케어도 중요하다. 세안이 가장 중요한데 너무 잦은 세안은 오히려 여드름을 자극하고 피부 표면의 건성화와 함께 세균의 침입을 막는 산성 피지 보호막을 파괴하므로 삼가도록 한다.

(1) 10대~20대 여드름

1) 관리목적

여드름 치료 관리를 함에 있어 사춘기는 피지분비가 왕성한 시기이기 때문에 피지를 감소시킬 수 있는 케어를 해야 한다. 관리단계를 단순화하여 관리비용을 가능한 한 저렴하게 만든 후에 학생 및 젊은 환자들에게 부담을 최소화하여 많은 환자들이 손쉽게 트리트먼트를 받게 해야 한다. 또한 홈케어로 연결하여 여드름의 치료효과를 지속적으로 유지시켜야 한다.

2) 관리시간과 횟수

증상에 따라 주 1~2회씩 치료하며 시간은 1시간 정도 소요된다.

3) 홈케어 권고사항

① 약산성 세안제나 효소 파우더 세안제 등으로 세안하되, 너무 잦은 세안은 삼간다.
② 글리콜릭산이나 살리실산, 썰파(sulfur)가 함유된 제품을 발라준다.
③ 오일 성분이 없는 자외선 차단제를 반드시 발라준다.

4) 피부관리 프로그램

① 여드름용 클렌징 로션 혹은 젤로 피부를 클렌징한다.
② 딥클렌징 단계에서 스티머 분무 후 효소 성분이 함유된 제품으로 각질을 정리한다.
③ 토너 혹은 아스트리젠트로 pH 밸런스를 맞추어 준다.
④ 면포 압출기를 이용해 면포추출을 한다.
⑤ 면포추출로 인해 피가 나고 진물이 나 있는 상태를 진정시키기 위해서 항염 효과가 있는 티트리 오일 등을 바르고 HE-NE Laser를 조사한다.
⑥ 피부를 말끔하게 해주고, 붉어진 부위를 진정시켜 안색을 맑게 하기 위해 진정, 정화, 수분공급의 성분이 함유된 마스크를 한다.
⑦ 토너로 pH 밸런스를 맞추어 준다.
⑧ 수용성 베이스의 수분 크림을 바르고 오일프리(oil free) 자외선 차단제를 발라 마무리한다.

(2) 30대~40대 노화 및 건성 여드름 피부

1) 관리목적

30대 이후의 여드름 환자는 피지 과다 생산이 원인이 되는 경우보다는 스트레스 및 생활 리듬의 불균형으로 피지선이 자극되고 각질로 인해 모공이 막혀 여드름이 나는 경우가 많다.

여드름 관리로 인한 노화의 첫 단계인 건조현상을 막는 집중적인 수분공급 관리로 건조한 피부에 보습을 주고, 민감해진 피부의 염증을 완화시키며, 노후된 각질층 및 지방막을 제거하여 피부의 유수분과 영양의 밸런스를 맞추는 여드름 관리를 해야 한다.

2) 관리시간과 횟수

증상에 따라 주 1~2회씩 치료하며 시간은 1시간 정도 소요된다.

3) 홈케어 권고사항

① 메이크업을 많이 하는 나이이기 때문에 클렌징 로션과 폼클렌징을 이용하여 이중세안을 하도록 한다.

② 알로에나 오이 성분 등이 함유되어 촉촉함을 줄 수 있는 토너로 pH 밸런스를 맞춰 준다.

③ 글리콜산이나 살리실산, 설퍼가 함유된 제품을 여드름 부위에만 바른다.

④ 영양 크림과 에센스(non comedogenic이면서 여드름에 영향을 주지 않는 보습 성분이나 영양성분들이 함유되어 있는 제품)를 발라 준다.

⑤ 오일이 함유되어 있지 않은 자외선 차단제를 발라 준다.

4) 피부관리 프로그램

① 로션 타입 세안제 혹은 건성 예민용 세안제로 클렌징한다.

② 크림베이스 형태의 제품으로 클렌징한 후 효소성분이 함유된 제품으로 각질을 정리한다.

③ 아줄렌 혹은 알로에 성분의 토너로 pH 밸런스를 맞추어 준다.

④ 면포 압출기를 이용해 면포추출을 한다.

⑤ 면포추출로 인해 피가 나고 진물이 나 있는 상태를 진정시키기 위해서, 항염 효과가 있는 티트리 오일 등을 바르고 HE-NE Laser를 조사한다.

⑥ 피부를 말끔하게 해주고, 붉어진 부위를 진정시켜 안색을 맑게 하고 수분공급을 위해 1, 2차로 나누어 마스크를 한다.

⑦ 토너로 pH 밸런스를 맞추어 준다.

⑧ 수분 앰플이나 에센스를 바르고 유·수분 공급 크림을 바른다.

⑨ 오일프리 썬블록을 발라서 마무리한다.

(3) 여드름+아토피성 관리

1) 관리목적

예민 및 아토피 증세, 그리고 스테로이드성 여드름 증세 등이 복합되어 있는 여드름 치료로 피부를 자극시킬 수 있는 강한 여드름 약제의 사용을 자제하면서 효과를 줄 수 있는 여드름 관리를 지속적으로 해야 한다.

2) 관리시간과 횟수

증상에 따라 주 1~2회씩 치료하며 시간은 1시간 정도 소요된다.

3) 홈케어 권고사항

① 예민용 세안제를 선택하여 이중세안을 한다.
② 아줄렌이나 알로에 혹은 오이 성분의 토너로 pH 밸런스를 맞춰준다.
③ 글리콜릭산이나 살리실산, 설파가 함유된 제품을 여드름 부위에만 바른다.
④ 항염과 진정 효능이 있는 아줄렌이나 알로에가 함유된 자극이 없는 진정용 에센스와 영양크림을 바른다.
⑤ 무자극성 자외선 차단제를 바른다.

4) 피부관리 프로그램

① 아줄렌 성분의 로션타입 세안제 혹은 예민용 세안제로 피부를 클렌징한다.
② 예민용 딥클렌저로 T-Zone 부위에만 가볍게 딥클렌징한 후 아줄렌 혹은 알로에 성분의 토너로 pH 밸런스를 맞추어 준다.
③ 면포 압출기를 이용해 면포추출을 한다.
④ 면포추출로 인해 피가 나고 진물이 나 있는 상태를 진정시키기 위해서 HE-NE Laser를 조사한다.
⑤ 피부를 맑게 하고 보습, 진정을 위해 알로에나 알란토인 등이 함유된 젤 형태의 마스크를 한다.
⑥ 토너로 pH 밸런스를 맞추어 준다.
⑦ 예민, 진정 앰플이나 에센스를 바르고 진정용 크림을 바른다.
⑧ 무자극성 자외선 차단제를 발라서 마무리한다.

(4) 여드름+모세혈관 확장증(주사) 관리

1) 관리목적

지루성과 예민·혈관확장 증세가 있는 피부에 여드름이 복합되어 있으므로 피부치료는 여드름 치료로 진행하되 혈관이 더 이상 손상되지 않도록 일시적이나마 붉음증을 사라지게 할 수 있는 관리를 행하고, 장기적으로는 손상되고 이완된 혈관들의 상태를 개선시켜줄 수 있는 치료를 겸하여 진행한다.

혈관의 손상은 일상생활 습관과도 관계가 매우 깊기 때문에 충분한 상담을 통하여 이를 악화시킬 수 있는 요인들을 제거해 주고, 효과적인 화장품 및 치료성분들에 대한 정보를 충분히 준다.

2) 관리시간과 횟수

증상에 따라 주 1~2회씩 치료하며 시간은 1시간 정도 소요된다.

3) 홈케어 권고사항

① 예민용 세안제로 부드럽게 클렌징한다.
② 아줄렌이나 알로에 혹은 오이 성분의 토너로 pH 밸런스를 맞춰 준다.
③ 글리콜산이나 살리실산, 설퍼가 함유된 제품을 여드름 부위에만 바른다.
④ 항염과 혈관 강화 효능이 있는 비타민 P나 비타민 K가 함유된 자극이 없는 진정용 에센스와 영양크림을 바른다.
⑤ 무자극성 자외선 차단제를 바른다.

4) 피부관리 프로그램

① 예민용 세안제로 피부를 클렌징한다.
② 예민용 딥클렌저로 T-Zone 부위에만 가볍게 딥클렌징한다.
③ 아줄렌 혹은 알로에베이스의 토너로 pH 밸런스를 맞추어 준다.
④ 면포 압출기를 이용해 면포추출을 한다.
⑤ 면포추출로 인해 피가 나고 진물이 나 있는 상태를 진정시키기 위해서 HE-NE Laser를 조사한다.
⑥ 먼저 면포를 추출한 부위에만 설퍼나 캄퍼 베이스의 팩을 찍어 발라주고 그 위에 혈관 강화 효과가 있는 비타민 P나 비타민 K가 함유된 겔 혹은 크림 마스크를 한다.
⑦ 토너로 pH 밸런스를 맞추어 준다.
⑧ 예민, 진정 앰플이나 에센스를 바르고 진정용 크림을 바른다.
⑨ 무자극성 자외선 차단제를 발라 마무리한다.

Check Point

지성피부의 메디컬 스킨케어는 여드름 피부의 관리법과 비슷하나 여드름 치료 시 시행하는 외과적 치료단계(CO_2레이저, 면포압출기사용, 부신피질 호르몬제 투입)가 필요하지 않다.

표 3-2 여드름 피부 스킨케어

순서	제품 및 기기	참고 사항
클렌징	젤타입의 약산성 세정제 티트리가 함유된 세정제	• 피부의 노폐물 제거 • 오염물질 제거 • 화장품을 제거
딥 클렌징	효소, A.H.A 초음파기 (스킨마스타, 스킨스크러버)	• 묵은 각질, 모공 속의 분비물 제거 • 효소 성분은 파파인, 브로멜린 • 초음파기는 필링 모드로 한다. • 딥클렌징 후 위치하젤 또는 티트리가 함유된 토닉을 사용한다. • CO_2레이저로 구멍을 낸 후 여드름을 짠다. • 소독액으로 짠 부위를 소독한다.
메디컬 스킨케어 및 기기관리	CO_2레이저, 면포압출기 스케일링, 크리어 라이트, 부신피질 호르몬제 주입	• 스케일링 시 Coom's 용액을 사용한다. • 부신피질 호르몬제 주입은 염증이 심한 낭종 결절이 있는 경우에 주입한다.
진정단계 (1차팩)	아이스팩, 진정크림 도포, 헬륨-네온 레이저, 바이옵트론	• 피부의 열감을 완화시켜주고 진정시켜주기 위해 아이스팩을 한다. • 진정 젤을 도포한 후 헬륨 네온- 레이저 또는 바이옵트론은 10분 정도 쬐여준다.
보습단계 (2차팩)	특수 마스크, 젠틀 수딩 젤 마스크, 퓨리파잉 마스크	• 콜라겐 벨벳, 블루알개, 알란토인, 알로에베라 성분이 함유된 마스크 • 아미노산, 카모마일, 미량원소 비타민 등이 함유된 특수 클레이
마무리	아이크림 또는 아이젤, 보습크림, 자외선 차단제는 oil free 제품 사용	
유의점	• 스케일링 후 2~3일간 건조하고 각질이 인다. • 보습제를 반복적으로 사용한다. • 이차적으로 색소침착, 홍반, 흉터가 생길 수 있다. • 스케일링은 주 1회씩 5회 치료를 기본으로 한다. • 2회 이상 스케일링을 실시한 뒤에는 건조함이 심해지기 때문에 홈케어 시 보습앰플 보습 세럼 등을 이용하여 충분하게 보습시켜 준다. • 각질을 인위적으로 제거하지 않는다. • 자외선 차단제를 철저하게 사용한다.	

Check Point

아이스팩은 적당하게 잘라진 거즈를 알로에베라, 알란토인, 병풀추출물 아줄렌이 함유된 용액에 적셔서 냉장실에 두었다가 사용한다.

표 3-2 여드름 피부 스킨케어

구분	내용
여드름 흉터	• 어비움 야그 레이저, 쿨-터치 레이저, Cross, 인트라셀, 스타룩스, 프락셀 • 프락셀 3회 + 크로스 3회 + 진정관리 3회 • 스타룩스 1회 + 재생 1회(1개월 단위) 총 5회
모공관리	• 프락셀, 폴라리스, 인트라셀, 스타룩스 • 폴라리스 3회 + M.T.S 3회 + 프락셀 3회 + 진정관리 3회 • 스타룩스 1회 + 재생관리 1회(1개월 단위) 총 5회

• 재생관리는 레이저 시술 후 2주째부터 시작

3. 노화피부(aging skin) 관리

노화피부는 유·수분의 균형이 깨어지고 주름, 탄력 감소, 색소침착 등이 발생하므로 이들을 개선시켜야 한다. 또한 필링 후 재생속도가 느리다.

1. 노화피부의 정의

노화피부란 인체의 노화 진행과 더불어 피부에 나타나는 모든 자연적인 변화를 말한다. 노화현상은 세포의 회복 기능이 떨어지고 정상적인 기능을 하는 것이 점차 어려워짐에 따라 나타나는 복잡한 세포의 반응을 말한다.

피부노화도 노화에 미치는 요인에 따라 크게 내인성 노화와 외인성 노화 두 가지로 구분할 수 있다. 이러한 요인으로 인해 증가하고 있는 고령층의 적합한 피부관리를 위하여 피부 노화의 원인이 되는 요소를 이해하는 것이 필수적이다.

2. 노화피부의 분류

(1) 내인성 노화 (생리적 노화 : true aging, intrinsic aging)

내인성 노화는 환경의 변화에 원인이 있는 것이 아니라 나이가 들어감에 따라 피부의 구조와 생리적 기능이 감퇴하는 현상을 말한다.

1) 노화피부의 특징

① 표피와 진피 모두 얇아진다.

② 각질형성세포의 분열능력이 저하되어 각질층이 차지하는 비율이 높아져 영양 흡수력이 감소된다.

③ 피부의 지질형성 능력이 저하된다.
④ 멜라닌 세포의 기능저하로 털이 희게 변한다.
⑤ 피부의 랑게르한스세포라는 면역세포의 숫자가 감소된다.
⑥ 진피의 위축(볼륨 감소)이 나타난다.
⑦ 콜라겐이나 점액다당질 등 진피 구성물질이 감소된다.
⑧ 혈관이 약해져서 쉽게 멍이 든다.

(2) 외인성 노화 (광노화 : photoaging)

외인성 노화는 자외선, 흡연, 바람, 화학물질 등 외부환경에 노화의 원인이 있다는 뜻으로, 피부의 경우 그 대부분의 외부원인이 자외선에 의한 광노화이므로 가장 중요한 요인이 된다. 농촌이나 어촌에 살고 있는 사람들이 도시에 살고 있는 사람보다 노화가 빠르게 진행되는 원인이 바로 자외선이다.

1) 광노화의 특징

① 노폐물 축적으로 표피가 두꺼워진다.
② 피부가 악건성화, 민감화되며 모세혈관이 확장된다.
③ 내인성 노화에 비하여 그 정도가 심하고 일찍부터 노화가 진행된다.
④ 내인성 노화에 비하여 굵고 깊은 주름이 나타나며, 잔주름도 많이 발생한다.
⑤ 피부가 매우 거칠고 건조하며 탄력성이 감소하여 심한 경우는 피부가 처지게 된다.
⑥ 얼굴과 목덜미 손등 등 자외선에 많이 노출된 부위에서 볼 수 있으며 여러 가지 광노화성 피부질환, 즉 불규칙한 색소침착, 흑자, 검버섯, 광선각화증, 피부암 등이 발생한다.

2) 조기노화

조기노화란 젊은 나이에 비해 겉늙어 보이는 피부상태로, 일반적인 노화와 똑같은 양상을 띠며 단지 그 원인이 내인성, 즉 생물학적인 피부변화가 아니라 외인성 후천적 요인에 의한 것이다.

- 영양결핍, 햇빛에 과도한 노출, 잘못된 일상생활 습관, 내장 장애, 정신적 스트레스 등

Check Point

- **세포 재생**(cell regeneration)
  표피의 재생기간 : 10대 : 12일~19일
  20대~30대 : 28일~35일
  40대~50대 이후 : 90일
- oxygen free radical(활성산소)이란?
  연료를 태울 때 연기가 나듯이 우리 몸속에서도 산소가 쓰이는 과정 중에 불안정한 전자수를 가진 활성산소들이 생기게 되는데 이것은 매우 큰 반응성을 나타낸다. 이 활성산소는 우리의 인체 내에서 조직에 손상을 가하고 또한 세포들을 손상시킨다.

3. 자외선과 피부노화

자외선은 피부노화의 주범으로 알려져 있다. 자외선은 A, B, C로 나누어지며 이 중 자외선 C는 공기 중의 오존층에 의해 차단되어 지표에는 도달하지 않는다.

(1) 자외선 A와 자외선 B에 의한 피부의 변화

1) 자외선 A

① 자외선 A에 의한 해로운 반응들은 눈에 보이지 않지만, 일 년 내내 발생되고 축적되어 있어 생활자외선이라고 부른다. 자외선 A는 피부에 그을음을 유발하기 때문에 외관상의 미용을 목적으로 인위적으로 자외선에 노출하려고 하는 경우들도 있는데, 이는 피부의 손상과 노화를 재촉하는 결과를 가져온다.

② 자외선 A 광선은 파장이 길어 피부 깊숙이 침투되어 피부에 깊은 손상과 노화를 유발시키므로 우선 진피가 목표물이 되어 콜라겐과 엘라스틴의 섬유질이 손상을 입게 된다. 진피의 콜라겐과 엘라스틴의 손상은 피부조직을 늘어지게 만들어 피부의 탄력성을 감소시키고, 피부의 위축현상이나 주름을 생성시키며 색소침착 등을 일으킨다. 또한 유리기의 생성으로 인한 만성적인 광노화를 초래한다.

③ 자외선 A는 안구의 수정체에도 손상을 줄 수 있으며, 의학적인 실험 연구에 의하면 인체의 면역 시스템을 약화시킬 수 있다.

2) 자외선 B

① 자외선 B는 A에 비해 파장은 짧으나 에너지 방출량은 강하기 때문에 자외선 B에 노출되면 피부가 급속히 손상을 입어 홍반, 수포, 일광화상 등을 일으키고 자연색소침착 등을 일으킨다.

② 표피층에 심하게 손상을 입히며 화상으로 인해 피부에 물집이 생기고 며칠 후면 각질이 벗겨지는 현상이 나타난다.

③ 각질세포들을 변형시켜 비정상적인 세포들로 만드는 과정에서 각종 피부암들이 발생할 수 있다.

④ 자외선 B의 적당한 조사는 프로비타민 D를 활성화하여 구루병을 예방하고 면역력을 강화시키며 여드름 치료에도 이용된다.

(2) 자외선에 의한 피부노화 현상

자외선에 의한 과다 노출은 피부의 조기 노화를 유발한다. 자외선이 콜라겐 섬유질과 엘라스틴 섬유질을 손상시키기 때문에 주름살이 늘어나며 색소침착이 생겨나게 된다.

1) 피부 표면의 모습(surface appearance)

① 거친 표면

② 과색소 반점, 기미, 주근깨 등

③ 혈색이 없는 누르스름한 피부색

④ 피부조직이 늘어짐

2) 파브르 라코초 증상(Favre-Racouchot Syndrome)

① 자외선에 의해 피지선과 모공이 손상되어 발생되는 여드름들(nodules)과 낭종들(cysts)

② 모공 안에 농도가 진하고 끈적거리는 피지와 딱딱해진 각질세포들이 가득 차 있다.

③ 뺨과 눈가 주변에 깊이 박힌 결절성 여드름들과 낭종들이 있으며 시큼하고 부패한 냄새가 난다.

3) 잔주름과 거친 주름들(fine and coarse wrinkling)

① 콜라겐과 엘라스틴 단백질 다발들이 과잉 증식되어 진피가 두꺼워진다.

② 섬유 단백질 분자들을 연결하는 교차 결합들이 활성산소로 인하여 손상되는데, 이러한 활성산소들은 멜라닌 합성과 같은 화학반응 시 인체에서 발생하여 연결 조직의 총체적인 붕괴를 가져오게 됨으로써 잔주름과 깊은 주름살이 생겨난다.

4) 진피 혈관들에서의 변화들(changes in dermal blood vessels)

① 진피의 혈관들이 이완되고 뒤틀려 꼬이게 되며 혈액들이 새어 나오게 된다.

② 따라서 영구적인 홍반증을 얻게 된다.

③ 귓가와 아랫입술에 혈액 반점들이 발생한다.

4. 노화피부에 사용되는 화장품 성분

(1) 알파하이드록시산 (alpha hydroxy acid : AHA)

알파하이드록시산은 과일 등에서 얻는 자연산이며 카르복실산(carboxylic acid)에서 알파(alpha) 위치의 탄소에 하이드록시군(hydroxy group)을 갖는 구조의 화합물을 통칭하여 A.H.A라 한다.

피부노화의 예방으로 화장품에 사용되는 A.H.A는 글리콜산과 락트산이 가장 많이 이용되고 있다. 화장품에 적용하여 사용되는 A.H.A는 피부보습, 잔주름완화, 탄력증가, 혈액순환을 증가시킨다. 또한 각질세포의 세포 간 결합력을 약화시키고 각질세포의 탈락을 촉진시켜 줌으로써 세포증식을 증가시키고 각질교체를 증가시켜 정상적인 피부처럼 유연 효과도 줄 수 있으며, 세포활성 증가로 주름을 감소시킨다.

(2) 항산화제

피부는 외부환경과 접촉되어 있기 때문에 자외선이나 건조 등에 영향을 받게 되며 대사과정 중 생성되는 활성산소나 유리기에 의해 손상을 받게 되는데 이들을 반응성 산소물(reactive oxygen species), 활성산소(active oxygens), 유해산소(toxicoxygens) 혹은 산소 라디칼(oxygen radicals)이라 칭한다.

우리 인체에는 이러한 유해산소들의 공격으로부터 보호를 해주는 방어 메커니즘이 형성되어 있다. 이들을 항산화인자들이라고 하는데, 피부에서 저절로 발생되는 것으로 슈퍼옥시드 디스무타아제(superoxide dismutase), 카탈라아제(catalase), 비타민 E, 비타민 C, 유비퀴논(ubiquinone), 글루타티온(glutathione) 등이 이에 속한다.

대표적인 항산화제로서는 비타민 E, 코엔자임 Q10(coenzyme Q10), 비타민 C, 글루타티온, 알파 리포산, 녹차추출물, 멜라토닌 등이며 이외에도 여러 종류의 물질들이 사용되고 있다.

(3) 레티놀(Retinol)

레티놀은 순수비타민 A라고도 하며 피부의 세포분화를 촉진시켜 표피세포가 원래 기능을 하는데 중요한 역할을 한다.

피부세포에 존재하는 세포 핵 중 DNA로 하여금 RNA를 발현시켜 세포분화를 촉진하고, 동물의 세포 사이에 섬유상 고체로 존재하는 경단백질인 콜라겐과 탄성섬유로 구성된 엘라스틴 등의 생합성을 촉진해 주름을 감소시키고 피부 탄력을 증대시키므로 노화방지 물질로 사용되고 있다.

(4) 베타하이드록시산(B.H.A)

살리실산이라고 알려진 B.H.A는 천연적으로 버드나무, 윈터그린 나뭇잎들 그리고 자작나무에서 추출되는데, B.H.A 그룹의 유일한 멤버로서 그 방향족카르복실산이 베타 위치에 하이드록시 군을 가지고 있어서 붙여진 이름이다.

B.H.A는 각질제거 및 색소침착 부위를 옅게 해주고, 표피의 거칠음을 감소시켜 주며, 잔주름들을 감소시켜 줌으로써 기존의 A.H.A가 가지고 있는 효능들과 유사한 기능을 한다.

(5) 비타민 C

체내의 유해산소를 제거하는 항산화제로 작용하며 콜라겐 생합성의 중요한 역할을 함으로써 진피를 재구성하여 주름 완화에도 도움을 준다. 자외선(UV)에 대한 보호기능과 모세혈관 강화기능도 한다. 또한 멜라닌 합성의 효소인 티로시나아제의 강력한 억제제로 색소침착을 완화시켜 준다.

(6) 세라마이드

피부 외부의 지질은 각질세포에서 기원한 표피 지질과 지방샘인 피지선에서 기원한 피지 지질로 이루어져 있다. 이 중 표피지질은 세라마이드, 콜레스테롤, 지방산 등으로 이루어져 있는데 이 중 40~50%를 차지하고 있는 세라마이드(ceramide)가 피부장벽, 즉 수분 증발을 막는 가장 중요한 역할을 하는 성분 중의 하나이다.

각질세포 간 시멘트같은 접착의 역할을 하는 지질 중의 하나로 이는 과립층 내의 글리코리피드(glycolipid)에서 비롯한 것으로 이들의 구조는 지방사슬이 서로 마주하고 있는 이중층의 구조를 이루며 각질층을 보호해 준다.

5. 노화를 방지하는 호르몬 요법

(1) 에스트로겐

에스트로겐(estrogen)은 여성 호르몬으로서 인체에서 분비되는 가장 강력한 호르몬 중의 하나이며 생리, 임신, 폐경까지 여성의 일생을 조절하는 호르몬이다.

에스트로겐 호르몬 분비가 감소하면 콜라겐 생성과 진피의 히알루론산의 감소로 피부는 건조해지고 얇아지면서 잔주름이 많이 생기며 탄력성이 감소한다.

(2) 항산화제

멜라토닌(melatonin)은 노화를 반전시키며 면역계를 강화하여 암과 그밖의 질병에 대한 저항성을 증진시키며 안전하고 의존성이 없는 수면보조제로 사용된다.

콜레스테롤 수치를 낮추고 스트레스를 해소시키며, 성호르몬의 분비를 촉진하고 항산화 작용이 있다.

(3) 프로게스테론

프로게스테론(progesterone)은 천연 기분상승제이며 임신 중에 많은 양이 생산되어 여성에게 안정감을 갖게 하며 자궁암과 뼈의 손실을 예방하는 효과가 있다.

(4) 테스토스테론

테스토스테론(testosterone)은 남성과 여성의 성욕을 조절하는 호르몬으로, 우울증에 대한 저항성이 뛰어나며 지속적인 근력의 강화나 심장질환에 대한 저항성이 생긴다.

(5) 디하이드로 에피안드로스테론(DHEA)

신체의 모든 기관을 다시 젊게 만들어 주며 외모와 감정 사고에 활력을 준다. 정력을 회복시키고 기분을 좋게 하며, 성욕을 증가시킨다. 또 기억력을 증가시키고 스트레스를 해소시키며 체지방을 감소시키고 피부를 부드럽게 하고 머리카락을 빛나게 한다.

그림 3-11 기미피부

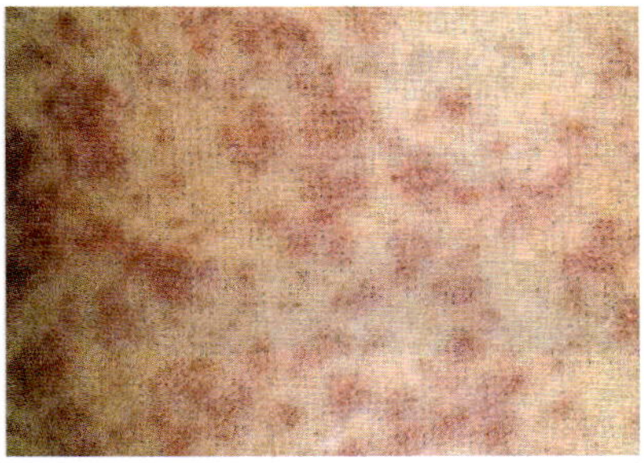

그림 3-12 색소침착이 심한 피부

6. 노화피부 메디컬 요법

(1) 화학적 필링

특수성질을 가지고 있는 화학적 박피제를 이용하여 표피 또는 진피의 일부까지 제거하는 방법으로 피부의 단백질을 변성하거나 표피와 진피 상부를 괴사시켜 손상받은 조직의 아래에 있는 모낭으로부터 표피세포가 이동되어 표피를 재생시키고 2~3주 내에 진피도 재생되어 일반적으로 피부에 흉터를 남기지 않는다. 새로운 콜라겐의 합성으로 피부의 탄력증가, 표피층의 멜라닌 감소로 미백효과도 뛰어나다.

(2) O_2 테라피

노화가 진행될수록 피부는 산소를 소비하는 능력이 감소되므로 피부의 노화를 촉진하는 결과를 가져온다. 그러므로 특수 산소압을 이용한 활성성분의 깊숙한 침투작용으로 주름지고 얼룩진 노화피부를 개선해 준다.

잔주름 제거나 피부 탄력 회복에 좋으며 탈색제나 비타민 C 및 알부틴 등의 물질을 투입시키는 경우와 기미나 색소침착을 없애는 데도 탁월한 기능을 발휘하며, 필링 후 산소요법을 시행할 시에는 다른 피부재생을 기대할 수 있다.

(3) 크리스털 필링 (crystal Peeling)

크리스털 필링은 미세박피술로 기존의 필링과는 달리 부작용이 거의 없어 많이 사용되고 있다. 크리스털은 다이아몬드 다음으로 단단한 광물로 미세 크리스털은 정교하고 미세하게 피부층에 작용한다.

이 미세한 크리스털 입자를 피부의 가장 바깥층에 강하게 분사하여 피부를 세밀하게 갈아내는 동시에 입자와 조직을 흡입하여 미세한 박피가 일어나도록 하는 것이 크리스털 필링이다. 노화된 각질을 제거하고 막힌 모공을 뚫어주어 거칠고 탄력을 잃은 칙칙한 피부나 기미 및 여드름 등의 치료에 효과적이며 또한 진피에서 콜라겐의 생성을 증가시켜 여드름 흉터, 넓어진 모공, 잔주름, 기타 흉터 등의 치료에도 탁월할 효과를 보인다.

(4) 레이저 치료

출력되는 파장의 종류와 매개물질에 따라 구분하며 레이저의 파장과 종류에 따라 사용되는 범위도 달라진다. 재생이나 주름완화, 모세혈관확장, 필링 등의 용도로 레이저가 많이 사용되고 있다.

(5) 이온토프레시스 요법

유효성분의 피부흡수를 높이는 방법으로 이온성 물질을 침투시킨다.

(6) 주사요법

주사요법으로는 보톡스, 필러요법이 있다(21쪽 히알루론산 유도체 참조).

표 3-4 노화피부의 피부건조 관리

순서	제품 및 기기	참고 사항
클렌징	클렌징 로션	• 피부의 노폐물 제거 • 오염물질 제거 • 화장품을 제거
딥 클렌징	효소, 초음파, (스킨마스타, 스킨스크러버)	• 묵은 각질, 모공 속의 분비물 제거 • 효소 성분은 파파인, 브로멜린 • 초음파기는 필링 모드로 한다.
메디컬 스킨케어 및 기기관리	전기 영동법 초음파기	• 전기 영동법을 이용하여 수용성 보습 앰플을 침투시킨다. • 초음파기를 이용하여 앰플, 세럼, 젤타입을 침투시킨다. • 초음파기는 토닝모드로 한다.
진정단계 (1차팩)	해초 마스크, 거즈를 이용한 수분 팩	• 보습효과
보습단계 (2차팩)	특수 마스크, 재생 마스크, 석고 마스크, 모델링 마스크	• 콜라겐 벨벳 • 고농축 영양성분이 함유된 마스크 • 석고 마스크, 모델링 마스크의 베이스크림으로 콜라겐 크림을 사용한다.
마무리	아이크림, 보습크림, 재생크림, 자외선 차단제	• 재생크림은 w/o 타입, 지용성 앰플(V.A 앰플) • E.G.F 성분이 함유된 크림, 자외선 차단제는 유분이 함유된 제품
유의점	• 실내온도(18℃ 정도), 실내습도(40~60% 정도)를 적정하게 유지 • 잦은 사우나, 목욕 금지 • 목욕 후 보습제 사용 • 지나친 햇빛 노출 삼가	

표 3-5 노화피부의 주름 관리

순서	제품 및 기기	참고 사항
클렌징	클렌징 로션	• 피부의 노폐물 제거 • 오염물질 제거 • 화장품을 제거
딥 클렌징	효소, A.H.A 초음파기, 스크럽 함유한 크림	• 묵은 각질, 모공 속의 분비물 제거 • 효소 성분은 파파인, 브로멜린 • 초음파기는 필링 모드로 한다. • A.H.A는 10% 정도
메디컬 스킨케어 및 기기관리	써마지, 프락셀 레이저, 이멕스-리펌, 펄 레이저, 프라미스 레이저, 인피니, 초음파기, 타이탄, Glycoric acid, T.C.A	• 초음파기는 리프팅 모드로 한다. • Glycoric acid 30% • 초음파기는 토닝 모드로 하여 비타민 A,E,G,F, 플라보노이드를 침투시킨다.
진정단계 (1차팩)	아이스팩, 온 타월팩, 아이스팩 후 진정크림을 바른 후 헬륨-네온 레이저 또는 바이옵트론	• 아이스팩을 실시한다. • 타이탄 시술 후 온 타월을 사용한다. • 아이스팩 후 진정크림 또는 젤을 도포한 후 헬륨-네온 레이저 또는 바이옵트론 10분 정도 쬐여준다.
보습단계 (2차팩)	시트 마스크, 특수 마스크, 재생 마스크	• 펩티드 성분이 함유된 시트 마스크 • 콜라겐 벨벳 • 타이탄 시술 후 콜라겐 크림을 베이스로 한 뒤 석고 또는 자가열 마스크 사용(격주 적용)
마무리	재생크림, 보습크림, 아이크림 또는 아이젤, 자외선 차단제	• 크림 타입의 자외선 차단제 사용(S.P.F. 30, PA++) • E.G.F 함유크림, 지용성 앰플(V.A 앰플) • 콜라겐, 히알루론산이 함유된 크림
유의점	• 타이탄은 진정관리, 보습관리 시 모두 따뜻하게 해야 한다. • 타이탄 시술 후 마무리는 수분 크림과 펩티드 탄력크림 사용	

Check Point

- 써마지 1회 + 프락셀 3회(4주 간격) + 재생관리(4회)
- 써마지 1회 + 이맥스-리펌 3회(3주 간격) + 재생관리(4회)
- 타이탄 1회 + 재생관리 3회(1개월 단위) : 총 2~3회

표 3-6 노화피부의 탄력 관리

순서	제품 및 기기	참고 사항
클렌징	클렌징 로션	• 피부의 노폐물 제거 • 오염물질 제거 • 화장품을 제거
딥 클렌징	효소, 초음파기, 스크럽 함유한 크림, A.H.A	• 묵은 각질, 모공 속의 분비물 제거 • 효소 성분은 파파인, 브로멜린 • 초음파기는 필링 모드로 한다. • A.H.A는 10% 정도
메디컬 스킨케어 및 기기관리	써마지, 타이탄, 프라미스 레이저, 3 Depth, 프락셀, 인피니, 초음파기, Glycoric acid, T.C.A	• 초음파기는 리프팅 모드로 한다. • Glycoric acid 30% • 초음파기는 토닝 모드로 하여 비타민 A,E,G,F, 플라보노이드를 침투시킨다.
진정단계 (1차팩)	아이스팩, 온 타월팩, 헬륨-네온 레이저 또는 바이옵트론	• 아이스팩을 실시한다. • 타이탄 시술 후 온 타월을 사용한다. • 아이스팩 후 진정크림 또는 젤을 도포한 후 헬륨-네온 레이저 또는 바이옵트론 10분 정도 쬐여준다.
보습단계 (2차팩)	시트 마스크, 특수 마스크, 재생 마스크	• 펩티드 성분이 함유된 시트 마스크 • 콜라겐 벨벳 • 타이탄 시술 후 콜라겐 크림을 베이스로 한 뒤 석고 또는 자가열 마스크 사용(격주 적용)
마무리	아이크림 또는 아이젤, 보습크림 또는 재생크림, 탄력크림	• 크림 타입의 자외선 차단제 사용(S.P.F. 30, PA++) • E.G.F 함유크림, 지용성 앰플(V.A 앰플) • 콜라겐, 히알루론산이 함유된 크림 • 펩타이드가 함유된 크림
유의점	• 자외선 차단제 • 타이탄은 진정관리 및 보습관리 시 모두 따뜻하게 해주어야 한다.	

Check Point

- 이맥스 리펌 3회 + 써마지 3회 + 미백관리(3회)
- 타이탄 2회 + 재생관리 6회

표 3-7 노화피부의 색소 관리

순서	제품 및 기기	참고 사항
클렌징	클렌징 로션	• 피부의 노폐물 제거 • 오염물질 제거 • 화장품을 제거
딥 클렌징	효소, A.H.A 초음파기, 스크럽 함유한 크림	• 묵은 각질, 모공 속의 분비물 제거 • 효소 성분은 파파인, 브로멜린 • 초음파기는 필링 모드로 한다. • A.H.A는 10% 정도
메디컬 스킨케어 및 기기관리	이온영동법, 초음파기, 얕은 필링, 해초필링, 루메니스 원(IPL), 레블라이트 레이저, 아콜레이드 레이저, Q 스위치알렉산드 라이트 레이저, 냉동치료	• 비타민 C 투입 • 얕은 필링은 글리콜산 35% • 검버섯, 잡티는 T.C.A 30% • 초음파는 토닝 모드로 한다. • 초음파는 근육결 방향대로 실시한다.
진정단계 (1차팩)	아이스팩, 온 타월팩, 헬륨-네온 레이저 또는 바이옵트론	• 아이스팩을 실시한다. • 타이탄 시술 후 온 타월을 사용한다. • 아이스팩 후 진정크림 또는 젤을 도포한 후 헬륨-네온 레이저 또는, 바이옵트론을 10분 정도 쬐여준다.
보습단계 (2차팩)	특수 마스크, 비타민 C 마스크, 마린-콜라겐 마스크	• 콜라겐 벨벳
마무리	아이크림, 비타민 C 크림, 보습크림, 재생크림, 자외선 차단제	• 코엔자임 Q10, 비타민 A,E, 폴리페놀이 함유된 크림 • 콜라겐 히알루론산이 함유된 크림
유의점	• 치료 후 색소침착 부위에 하이드로 퀴논(2~5%)을 발라준다. • 자외선 차단이 매우 중요하다.(S.P.F 30, PA++) • 검버섯, 잡티는 필링 후 딱지가 떨어지지 않게 주의한다.	

(7) 화이트 스케일링 (white scaling)

스케일링과 미백치료의 병합 요법으로 미백 치료의 효과를 극대화시키면서 부가적으로 스킨 스케일링의 효과를 얻는 시술방법이다.

Check Point

- 레블라이트 4회 + M.T.S 2회 + 루메니스원(I.P.L) 2회
- 루메니스 원(I.P.L) 5회 + 미백관리 5회
- 레블라이트 5회 + 재생관리 5회를 격주로 관리
- 레블라이트 + 전기영동법
- 레블라이트 시술 전 스케일링과 병행

4. 모세혈관 확장증(cuperose) 및 홍반 관리

1. 모세혈관이 확장된 피부

모세혈관으로 혈액이 많이 몰려 울혈이 생겨 붉게 보이거나 모세혈관이 파열된 피부로, 몰려 있는 혈액을 분산시켜 혈액순환을 촉진해야 하며 파열되거나 늘어진 혈관들을 복구해야 한다.

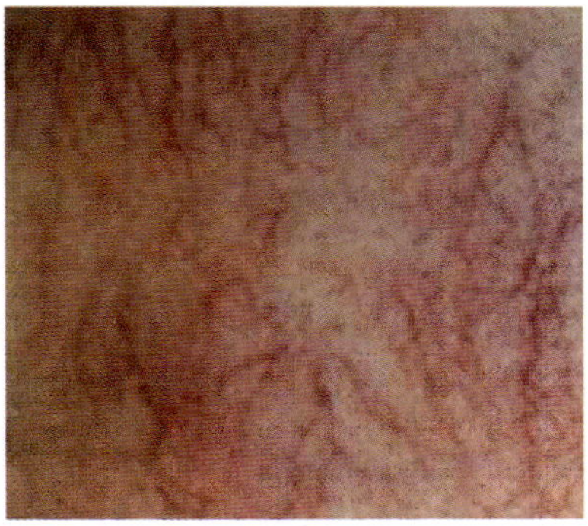

그림 3-13 모세혈관이 확장된 피부

[모세혈관 확장피부의 홈케어]

① 클렌징은 부드럽게 하고 너무 차가운 물이나 너무 뜨거운 물로 세안하지 않는다.
- 건성동반 혈관확장 – 무자극성 로션 타입의 클렌저
- 지성동반 혈관확장 – 무자극성 젤 타입의 클렌저로 거품이 나지 않는 것이 좋다.

② 토너는 무알코올 베이스에 위치하젤, 감초, 녹차 등 혈액순환을 촉진시키는 성분이 함유된 제품으로 pH 밸런스를 맞춰 준다.

③ 모세혈관 강화에 도움이 되는 비타민 K, 비타민 P, 보습성분의 알로에, 알란토인 등이 함유된 에센스와 영양크림을 발라 준다.

④ 썬크림을 반드시 발라 준다.

모세혈관 확장피부는 일종의 민감성 피부로서 피부표면 아래에 실핏줄이 보이는 현상으로 얇은 피부에서 흔히 볼 수 있다. 주로 유전적인 원인이 많으며, 일광 과다나 스테로이드 연고를 장기간 사용하여 표피가 얇아져서 생기기도 한다. 모세혈관 확장의 경우는 피부의 문제뿐 아니라 질병의 관련유무를 반드시 체크해야 한다.

피부관리의 방법은 혈액순환을 강하게 촉진시키는 순환 팩 등은 삼가고 강한 마사지 등으로 자극을 주지 않는 방법을 사용한다. 아로마를 이용한 림프 마사지나 가벼운 지압을 이용한 관리로 충혈을 진정시킨다.

2. 홍반피부 관리

홍반이란 피부가 붉어지는 현상인데, 원인은 혈관이 확장되어 피부가 붉게 보이는 경우나 피부가 쉽게 붉어지는 예민한 피부인 경우이다. 물리적 필링, 화학적 필링, 레이저 필링 등으로 피부가 자극을 받았을 때 홍반이 생길수 있다. 내적인 요인으로는 심리적인 요인으로 홍반 현상이 발생하기도 한다.

홍반 관리의 핵심은 붉어진 피부를 진정시키고, 수분을 공급하는 것이다.

표 3-8 모세혈관 확장증 및 홍반 관리

순서	제품 및 기기	참고 사항
클렌징	클렌징 로션 또는 클렌징 젤	• 아줄렌, 카모마일 성분이 함유된 제품 • 피부의 노폐물, 오염물질, 화장품 제거
딥 클렌징	효소, A.H.A 초음파기	• 묵은 각질, 모공 속의 분비물 제거 • 효소 성분은 파파인, 브로멜린 • 초음파기는 필링 모드로 하여 가볍게 실시한다. • A.H.A는 10% 정도
메디컬 스킨케어 및 기기관리	전기영동법, V.L.S 레이저, 벤테이지 레이저, Dye 레이저	• 비타민 P 침투 • 인삼, 적포도주, 호스 체스넛에 비타민 P 성분이 함유되어 있다.
진정단계 (1차팩)	아이스팩, 헬륨-네온 레이저 또는 바이옵트론	• 아줄렌이나 히알루론산, 카모마일, 알란토인이 함유된 팩 • 아줄렌, 알로에베라, 알란토인이 함유된 겔을 도포한 후 헬륨-네온 레이저 또는, 바이옵트론 10분 정도 쬐여 준다.
보습단계 (2차팩)	특수 마스크, 젠틀 수딩 젤 마스크, 퓨리파잉 마스크	• 콜라겐 벨벳 • 비타민 K, P가 함유된 마스크
마무리	아이크림, 보습 크림, 영양 크림, 자외선 차단제	• 비타민 P(바이오 플라보노)가 함유된 크림 • 비타민 K가 함유된 크림 • 카모마일이 함유된 크림 • 히알루론산이 함유된 크림 • 콜라겐이 함유된 크림
유의점	• 화장수는 위치하젤, 감초, 녹차, 바이오 플라보노가 함유된 제품 사용 • 무알코올 제품 사용	

Check Point

• 벤테이지 레이저 1회 + 재생관리 3회(1개월 관리) 총 2~3회

Chapter 4 필링

Chapter 4

필링(peeling)

1. 필링의 정의

필링이란 물리적·화학적 자극을 주어 피부의 일부를 한 번 벗겨내는 것을 말한다. 물리적·화학적 매체 또는 레이저를 사용함에 따라 물리적 필링·화학적 필링·레이저 필링으로 명명되고 있다. 피부에 매체를 통해 물리적·화학적 자극을 주어서 피부의 일부를 제거함으로써 피부가 다시 재생되는 것을 이용하여 흉터, 색소침착 또는 노화된 피부를 개선시킬 수 있다.

피부에 깊은 상처가 난 후에는 흉터를 남기게 되지만 피부가 조금 벗겨졌거나 가벼운 화상 정도로는 흉터가 잘 나지 않는다. 피부의 가벼운 상처는 낫는 과정 중에 표피 세포가 재생되어 피부표면을 다시 덮게 된다.

필링은 이러한 피부의 재생능력을 이용한 치료법이다. 이렇게 피부를 가볍게 벗겨내고 낫게 하는 과정 중에 색소침착 부위가 제거되고, 깊은 필링 실시 후에는 진피조직이 강화되어 피부가 깨끗해지고 탄력성이 회복되면서 잔주름이 소실되어 피부가 전체적으로 건강해지는 효과가 나타나게 되는 것이다.

그러나 필링 시술 후 항상 좋은 결과만 있을 수는 없다. 필링은 색소침착이 잘 되지 않는 특징을 가진 백인사회에서 오래 전부터 실시해 오던 방법이라서 동양인들에게는 여러 가지 부작용이 나타나곤 한다.

기미를 치료하기 위해 깊은 필링을 실시한 후 기미가 더 까맣게 되거나, 없던 기미가 새로 생길 수도 있다. 이는 피부가 얇아지면 햇빛이 피부 속 깊숙이 들어와서 멜라닌 세포를 자극하게 되어 색소를 더 많이 만들어 내기 때문이다. 그렇지만 여드름 피부나 모공이 큰 피부에는 필링 시술 후 좋은 효과를 볼 수 있다. 모공을 막고 있는 각질을 제거함으로써 피지 분비가 원활하게 되어 여드름 관리도 효과를 볼 수 있으며 피부도 매끄러워진다.

그러나 피부색이나 피부 두께, 피부 타입을 고려하지 않고 필링을 하게 되면 여러 가지 부작용이 발생할 수 있으니 주의하여야 한다. 우리나라에서는 1990년대 중반부터 필링 후 자극을 받은 피부를 진정시키고 건조해진 피부에 보습을 시켜주어 필링 시 생길 수 있는 부작용을 최소화하고 치료효과를 증대시키기 위해 병원부설 관리실을 두어 진정관리와 재생관리를 실시하고 있다.

2. 매개체에 의한 필링의 분류

1. 물리적 필링 또는 기계적 필링

물리적 필링(physical peeling)은 단단한 알갱이 모양의 스크럽 입자를 이용하여 손으로 마사지하듯 물리적인 마찰을 이용하여 각질을 제거하는 것이다. 이는 피부관리실에서 많이 사용하는 필링으로 예민한 피부에는 적합하지 않으며 피부 타입에 따라 필링 횟수를 정해야 한다. 병원에서 물리적인 자극을 주어 필링을 하는 데는 크리스털 필링, 다이아몬드 필링이 있다.

이 두 가지 필링은 기계를 이용하여 물리적 자극을 주어 필링하기 때문에 기계적 필링(mechanical peeling)이라고 별도로 부르기도 한다. 설명의 반복을 피하기 위해 크리스털 필링과 다이아몬드 필링은 필링의 종류에서 자세히 설명하기로 하겠다.

2. 화학적 필링

2,500년 전 고대 이집트 여왕 클레오파트라는 당나귀 젖을 발효시킨 후 목욕을 하여 피부관리를 하였고 로마 네로 황제의 아내 포파이아 사비나 또한 우유를 이용하여 목욕한 것이 A.H.A 사용의 시작이라 할 수 있다. 프랑스 여성들은 오래된 포도주를 발라 피부의 윤기를 더했다고 한다. 이후 여러 학자들이 A.H.A 뿐만 아니라 다른 성분을 이용한 화학적 필링(chemical Peeling)에 많은 연구를 하게 되었다.

1882년 독일 피부과 의사인 Unna 등이 T.C.A(trichloroacetic acid)를 피부질환치료에 처음 사용한 후 기미, 일광 손상 피부, 주름, 지루각화증, 광선각화증, 흑자 등 많은 피부질환에 사용되어 왔다.

1960년대에는 Baker에 의해 고농도의 페놀(phenol)을 이용하여 얼굴에 화학적 화상을 입힘으로써 화상의 상처가 치유됨과 동시에 젊고 새로운 피부가 돋아나는 기술이 소개되기도 했다. 그러나 페놀을 이용한 필링은 동양인에게는 사용할 수 없어 동양인들은 학문적인 관심만 가졌다.

1980년대부터 T.C.A를 이용한 필링법이 재차 등장하고 화학적 필링에 대한 연구가 진전되기 시작했다. 20세기 들어와서는 본격적으로 사용되기 시작하였으며 다양한 성분들이 화학적 필링에 사용되고 있다.

화학적 필링은 한 가지 혹은 여러 가지 약품을 섞어서 표피 또는 진피의 일부분에 화상을 입힘으로써 새로운 조직이 생성되도록 유도해서 자연 치유되도록 하는 방법으로 광노화, 기미, 여드름, 여드름 흉터, 과각화 등의 피부의 문제점 개선을 위해 사용되고 있다.

상처의 깊이에 따라 각질층을 제거하여 표피를 재생시키거나, 피부의 깊은 조직에 자극을 주어 진피에서 콜라겐이 재형성되고 기저세포 재생이 활발해지도록 한다. 깊은 필링일수록 부작용의 가능성이 있어 주의가 요구되나 더 나은 결과를 얻을 수 있다.

최근에는 각질층의 일부를 가볍게 제거하는 필링을 '스케일링(scaling)' 이라 표현하기도 한다. 최근 피부과에서는 여드름 치료에 스케일링을 많이 실시하고 있으며 치료효과도 크게 나타나고 고객의 만족도 또한 매우 높게 나타나고 있다. 화학적 필링에 가장 많이 쓰이는 성분은 A.H.A Resorcinol, Jessner's solution, T.C.A (Trichloroacetic acid)이다.

Check Point

화학적 필링 시 부작용은 필링의 깊이와 관련이 깊으며 각 성분의 특성과 피부 상태에 알맞은 성분의 선택이 중요하다.

3. 레이저를 이용한 필링

David 등이 일광각화증을 치료하기 위해 1989년 레이저를 사용한 뒤 많은 레이저 장비가 새롭게 개발되고 있다. 새롭게 개발된 장비들은 피부에 열 손상을 최소화하면서 원하는 깊이만큼 출혈없이 피부를 깎아서 주름, 여드름 흉터, 흉터, 수두 자국 등을 효과적으로 치료할 수 있게 되었다.

가장 많이 사용되는 레이저로는 CO_2 레이저와 Er:YAG레이저로 수분흡수도가 가장 높아 수분이 많은 피부 조직에 잘 반응한다.

Check Point

레이저 시술(laser skin resurfacing)이 가장 적합한 skin type은 Type I, II로 치료 깊이가 얇고 부작용이 적다. Type III~IV는 과색소나 저색소 침착의 우려가 있어 주의하여야 한다. Type III, IV는 과색소 침착을 예방하기 위해 하이드로퀴논(2~5%)을 치료 전, 후로 사용하면 좋다.

표 4-1 매체의 의한 필링의 분류

물리적 필링	화학적 필링	레이저를 이용한 필링
• 스크럽제 • Diamond peel • Crystal Peel • Dermabrasion	• A.H.A(alpha-hydroxy acid) • Jessner's solution • T.C.A(Trichloro acetic acid) • resorcinol • B.H.A(beta-hydroxy acid) • A.F.A(Amino frut acid) • Phenol	• CO_2 레이저 • Er:YAG 레이저

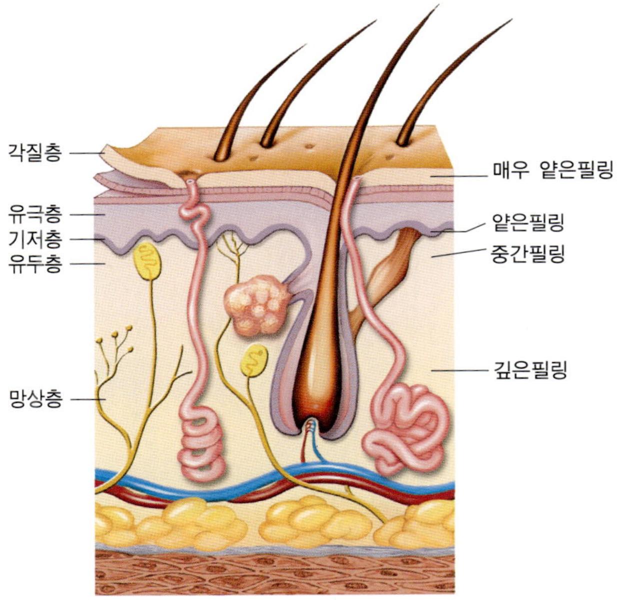

박리깊이에 따른 분류	조직학적 박리의 깊이
매우 얕은 필링	각질층
얕은 필링	표피과립층에서 기저층 상부까지
중간 필링	표피와 진피유두층의 일부까지
깊은 필링	표피와 진피유두층 및 망상층에 이르는 깊이까지

그림 4-1 필링의 깊이에 따른 분류

3. 필링의 깊이에 따른 분류

1. 얕은 필링(superficial peeling)

표피의 과립층(stratum granulosum) 또는 기저층 상부(upper stratum basal)까지 필링하는 것이다.

최근에는 매우 얕은 필링(very superficial peeling)으로 각질층 일부를 제거하는 방법인 피부 스케일링이 치료방법으로 이용되고 있다. 피부 스케일링 후에는 피부 톤이 맑아지며 모공을 막고 있는 각질과 피지가 제거되기 때문에 여드름 치료에 좋은 효과를 나타낸다.

그밖에도 피부의 색소성 질환을 치료하는 데 보조적인 방법으로 피부 스케일링이 사용되고 있다. 가볍게 각질만 제거시키는 정도이기 때문에 시술 후 바로 화장을 할 수 있고 일상생활이 가능하며 부작용도 거의 없다.

얕은 필링

① 매우 얕은 필링(스케일링)
- 30~50% Glycoric acid
- Jessner's solution
- 20~30% Resorcinol
- Combination peel
- Amino Fruit Acid Peel
- Microdermabrasion
- 해초필(Sea Herbal peel)

② 얕은 필링
- 50~70% Glycoric acid
- Jessner's solution
- 40~50% Resorcinol
- 10~30% T.C.A

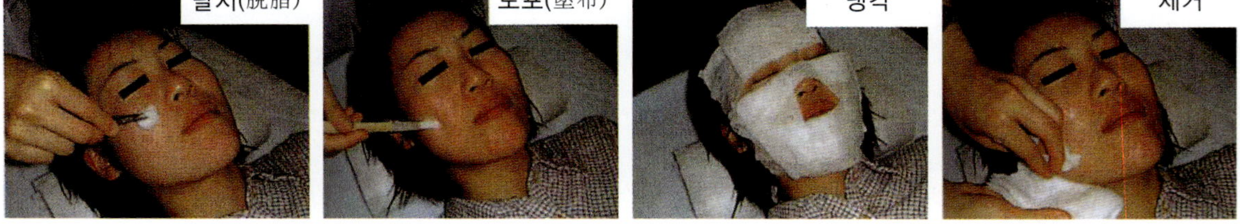

그림 4-2 스케일링

2. 중간 필링(medium depth peeling)

진피의 상부 유두층(papillary dermis)까지 제거하여 얼굴의 잡티 제거와 피부탄력을 증가시킨다. 시술한 부위에 딱지가 너무 일찍 떨어지면 색소 침착의 부작용이 나타날 수 있다.

중간 필링

- Glycoric acid ·70%
- T.C.A 35~70%
- T.C.A 35% + CO_2 레이저
- Jessner's solution + T.C.A 35%
- Glycoric acid 70% + T.C.A 35%

3. 깊은 필링(deep depth peeling)

깊은 필링은 주름의 개선, 여드름 흉터 등을 치료하기 위해 진피의 망상층(reticular dermis)까지 벗겨낸다. 회복기간이 길기 때문에 처치 후 관리가 매우 중요하다. 흉터나 색소침착의 부작용이 중간 필링보다 심하게 나타날 확률이 높으니 사후 관리에 매우 주의해야 한다. 박피시술 1~2주 후 가피가 떨어지고 나면 진정관리를 주 2회 정도로 시작한다.

깊은 필링

- Baker's phenol
- Dermabrasion

4. 필링의 종류

필링에는 여러 가지 방법이 있으나 공통적인 특징이 많이 있어서 분류할 수 있다. 여기서는 가장 오래된 역사를 가지고 있고 효과가 잘 정리되어 있는 물리적 필링과 화학적 필링으로 정리하고자 한다.

1. 물리적 필링

물리적 필링은 각질층 일부만 제거하는 미세박피술(microdermabrasion)을 이용하고 있다. 미세박피술은 각질층의 묵은 각질을 제거하는 과정에서 막힌 모공을 열어주고 피부톤을 맑게 하며 피부를 매끄럽게 하는 작용을 하고 시술 후 바로 재생관리가 가능하다. 미세박피술에는 크리스털 필링(crystal peeling)과 다이아몬드 필링(diamond peeling)이 있다.

(1) 크리스털 필링(crystal peeling)

크리스털 필링은 1970년대에 개발되었으나 이용이 뜸하다가 1990년대 중반에 미국과 유럽 등지에서 새로운 안면박피 방법으로 각광을 받으며 전 세계적으로 빠르게 확산되고 있다.

미세한 크리스털 가루(알루미늄 옥사이드)를 압축공기로 강력하게 피부표면에 분사시켜 표피의 각질을 부드럽게 제거하는 동시에 흡입작용에 의해 노폐물을 다시 흡입하는 방법이다. 얼굴이 빨개지거나, 색소침착이 생기는 부작용이 없어 시술 후 바로 세안 외출이 가능하여 일상생활을 하는 데 전혀 지장이 없다.

1) 특징

① 마취가 필요없다.

② 일상생활에 지장이 없다.

③ 1~2주 간격으로 3~5회 꾸준히 치료 시 효과가 있다.

2) 적응증

① 아주 얕은 여드름 흉터

② 잔주름

③ 닭살

④ 블랙헤드

⑤ 피부 톤이 칙칙한 경우

⑥ 색소이상증

⑦ 확장된 모공

Check Point

색소성 피부질환은 전기영동법으로 비타민 C를 침투시키는 시술을 겸하면 좋은 효과를 거둘 수 있다.

3) 치료 후 관리

① 필링 후 일시적인 홍반이 생기지만 서서히 사라진다.
② 필링 후 거의 모든 사람에게 일시적으로 피부 건조증상이 나타나기 때문에 보습용 화장품을 사용해야 한다.
③ 필링 효과가 있는 연고나 물약은 사용을 금한다.
④ 사우나는 피한다.
⑤ 각질층 제거로 인해 자외선 투과량이 증가하기 때문에 자외선 차단제를 발라준다.
⑥ 필링 후 일주일은 무리한 각질제거나 스크럽(scrub)제는 사용하지 않는 것이 좋다.

4) 치료 후 피부상태

① 시술당일
- 열감과 함께 따끔거리고 붉은 현상과 붓는 증상이 나타난다.
- 화장이 가능하다.

② 3일 이후
- 각질이 일어나고 건조할 수 있다.
- 보습관리, 진정관리를 한다.

(2) 다이아몬드 필링(diamond peeling)

천연 다이아몬드를 이용한 미세박피술로 보다 미세한 박피가 가능하며 시술 후 피부가 매끄러워진다. 피부상태에 따라 적합한 칩을 사용하기 때문에 부작용은 거의 없다. 다이아몬드 필링은 묵은 각질 제거와 함께 피지도 제거하기 때문에 피부 톤이 맑아지고 넓어진 모공의 수축효과도 있다.

크리스털 필링과 원리는 동일하나 크리스털 가루 대신에 다이아몬드 칩을 이용하는 차이점이 있다. 크리스털 필링과 마찬가지로 시술 후 바로 세안과 화장이 가능하며 외출이나 일상생활에 지장을 주지 않는다.

1) 특징

① 부작용이 없다.
② 마취가 필요없다.
③ 15분 내외로 시술시간이 짧다.

④ 일상생활에 지장이 없다.

⑤ 1~2주 간격으로 5~6회 시술 시 효과적이다.

2) 적응증

① 노화된 피부의 개선

② 잔주름

③ 지성피부

④ 확장된 모공

⑤ 여드름 흉터

⑥ 닭살

⑦ 햇빛에 손상된 피부

3) 치료 후 관리

① 필링 후 일시적인 홍반이 생기지만 서서히 사라진다.

② 필링 후 거의 모든 사람에게 일시적으로 피부 건조증상이 나타나기 때문에 보습용 화장품을 사용해야 한다.

③ 필링 효과가 있는 연고나 물약은 사용을 금한다.

④ 사우나는 피한다.

⑤ 각질층 제거로 인해 자외선 투과량이 증가하기 때문에 자외선 차단제를 발라준다.

⑥ 필링 후 일주일은 무리한 각질제거나 스크럽제는 사용하지 않는 것이 좋다.

4) 치료 후 관리

① 시술 당일

- 열감과 함께 따끔거리고 붉은 현상과 약간의 붓는 증상이 있다.
- 냉찜질과 보습관리를 해준다.

② 시술 3일 후

- 비정상적인 각질이 제거되면서 피부가 건조해진다.

③ 시술 4일 후

- 각질이 탈락되기 시작하여 가려움증이 동반된다.
- 보습관리와 진정관리를 한다.

Check Point

- 크리스털 필링과 다이아몬드 필링의 사용금지 사항
- 악성피부종양, 극예민피부, 모세혈관 확장증, 염증성 여드름, 피부병

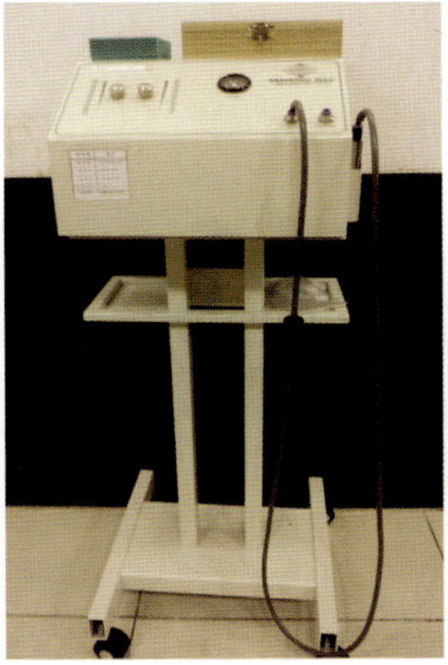
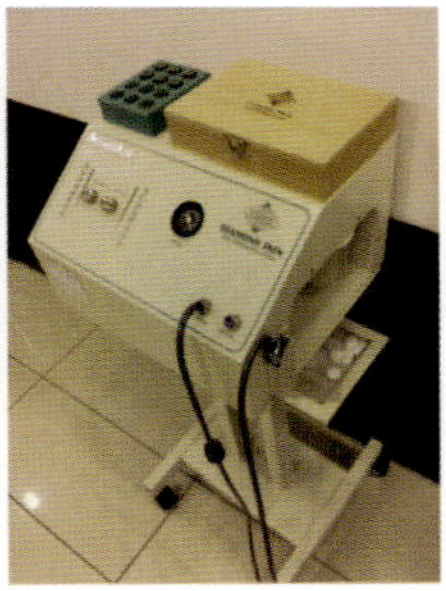

그림 4-3 크리스털 필링기

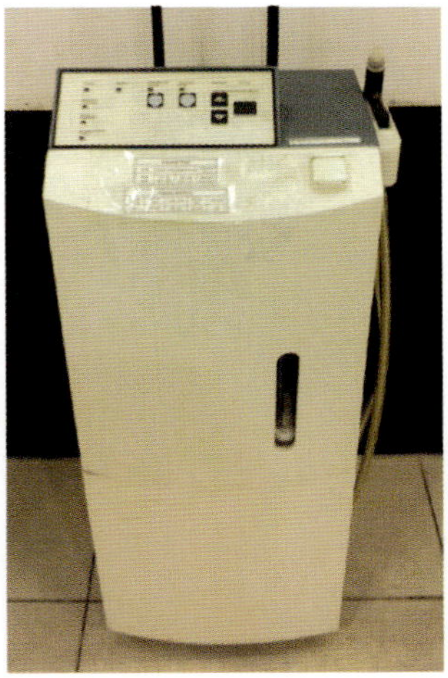
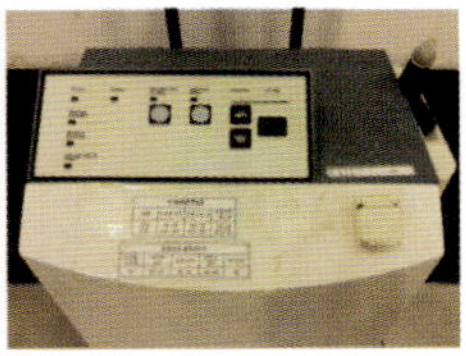

그림 4-4 다이아몬드 필링기

2. 화학적 필링(chemical peeling)

화학적 필링 시술 시 여러 가지 성분들 중에 A.H.A, B.H.A, Jessner's solution, Resorcinal, T.C.A가 가장 많이 사용된다.

이러한 성분들은 피부 박리를 유도하여 세포재생을 촉진시키고, 피부의 탄력을 증가시키며 매끄러운 피부결과 피부톤을 맑게 한다.

(1) A.H.A(alpha hydroxy acid)

1980년 중반에 Scott 박사 연구팀에 의해 발표된 A.H.A를 이용한 필링시술은 천연적으로 생기는 유기산으로 각질 탈피(exfoliation)를 유도하고 세포 교체를 촉진한다.

A.H.A와 B.H.A는 각질층 아래쪽의 각질세포의 응집력에 영향을 주는데 이 물질들은 각질층의 pH를 변화시켜 피부에 작용하는 것으로 알려져 있다. 글리콜산은 A.H.A 중에서 화학적 필링 시 가장 많이 사용되고 있으며, 고농도로는 50~70%를, 저농도로는 5~15%를 사용하고 있다.

고농도의 A.H.A와 B.H.A를 사용하게 되면 표피층이 살아있는 각질형성세포의 박리를 일으키는 반면에 낮은 농도의 A.H.A나 B.H.A를 바르면 과립층 위의 죽은 세포 즉, 각질세포들의 결합력을 감소시켜 각질층의 박리를 촉진하며 보습효과도 있다. 이로 인하여 각질층이 얇아지게 되어 표피세포의 재생활동이 활발하게 되고, 매끄럽게 되어 노화피부 관리와 건성피부 관리에 좋은 효과를 볼 수 있으며 또한 막힌 모공을 열어 피지분비를 원활하게 해주어 여드름 피부관리에도 효과적이다.

표 4-2 A.H.A의 종류와 특징

이 름	구조식	특 징
글리콜산 (Glycolic acid)	$C_2H_4O_3$	• 사탕수수에 함유되어 있다. • A.H.A중 분자량이 가장 작아 침투력이 높다. • A.H.A를 이용한 필링 시 효과가 가장 좋다. • 광노화에 효과적이다. • A.H.A 중에 가장 많이 사용한다.
젖산 (Lactic acid)	$C_3H_6O_3$	• 쉰 우유에 함유되어 있다. • 천연 보습인자의 하나로 보습효과가 있다. • 락토오스에 산화효소를 가해 발효로 얻어진다.
사과산 (Malic acid)	$C_4H_6O_5$	• 사과, 복숭아 등에 함유되어 있다. • 능금산이라고도 한다.
주석산 (Tartaric acid)	$C_4H_6O_6$	• 신포도에 함유되어 있다. • 포도산이라고도 한다. • 포도 껍질 속의 바이오 플라보노이드 성분으로 인해 예민피부, 노화피부에 효과적이다.
구연산 (Citric acid)	$C_6H_8O_7$	• 오렌지, 레몬 등에 함유되어 있다. • 화장품의 pH 조절제로 사용된다. • 비타민 C와 바이오플라보노이드 함유로 인해 예민피부에 효과적이다.

표 4-3 A.H.A의 적용피부

이 름	적 용 피 부
글리콜산(Glycolic acid)	여드름피부, 과색소증, 노화피부, 각질이 많은 피부, 건조피부, 주름이 많은 피부
젖산(Lactic acid)	건조피부, 노화피부
주석산(Tartaric acid)	예민피부, 노화피부
구연산(Citric acid)	예민피부

Check Point

① 글리콜산 원액은 pH가 거의 1 이하이다.
② 각질층의 일부를 제거하는 스케일링은 글리콜산 30~50% pH 2~3
③ 과립층 또는 기저층 상부까지 제거하는 데는 글리콜산 50~70% pH 1 이하
④ 진피의 유두층까지 제거하는 데는 글리콜산 70% 이상, pH 1 이하
⑤ 고농도의 A.H.A가 함유된 화장품 사용 시 따끔거리고 햇빛에 민감해지기 때문에 A.H.A 농도는 pH 3.5이상에서 10% 이하로 사용한다.
⑥ 고농도의 글리콜산은 성분의 과침투로 인하여 과필링현상을 막기 위해 반드시 중화를 시켜야 한다.
⑦ 중화제로는 베이킹 파우더나 8~15%의 탄산나트륨 같은 알칼리 용액제가 주로 사용된다.
⑧ 염증을 동반한 과필링 현상이 생겼을 경우 적어도 일주일 동안은 항염증 크림을 발라야 한다.
⑨ 글리콜산은 T.C.A를 이용한 필링 시 선처치로 사용된다.

1) A.H.A의 필링 원리

각질화되어 납작해진 각질세포는 벽돌담처럼 층층이 쌓이게 되고 그 사이에 세포간질에 의해 붙어 있다.

A.H.A는 시멘트 역할을 하는 세포간질을 녹여 각질세포를 쉽게 박리시켜 새로운 세포로 대체시킨다. 즉 A.H.A는 각질세포 간 연결고리를 끊어주어 각질세포 층을 제거하는 것이다.

Check Point

글리콜산을 이용한 필링의 강도를 결정하는 주요 요인
① 농도(percentage)
② 산도(pH)
③ 바르고 있는 시간(time), 이 중에서도 농도가 가장 중요

2) A.H.A 사용 후 효과

① 묵은 각질제거 효과
② 보습효과
③ 잔주름 감소에 효과적
④ 피부 톤을 맑게 하는 데 효과적
⑤ 재생효과

⑥ 면포성 여드름 치료에 효과적

⑦ 지성피부를 개선하는 데 효과적

3) A.H.A 사용 후 부작용

① 피부의 특성, 의료진의 방법론적 절차에 따라 다르게 나타난다.

② 색소침착

③ 피부가 민감해짐

④ 흉터

⑤ 계속되는 홍조

⑥ 물집

4) A.H.A 사용 시 주의사항

① 화농성 여드름에는 염증을 더 악화시킨다.

② 피부상태에 따라 %를 정해야 한다.

③ 장기간 스테로이드 연고 사용자는 시술을 금한다.

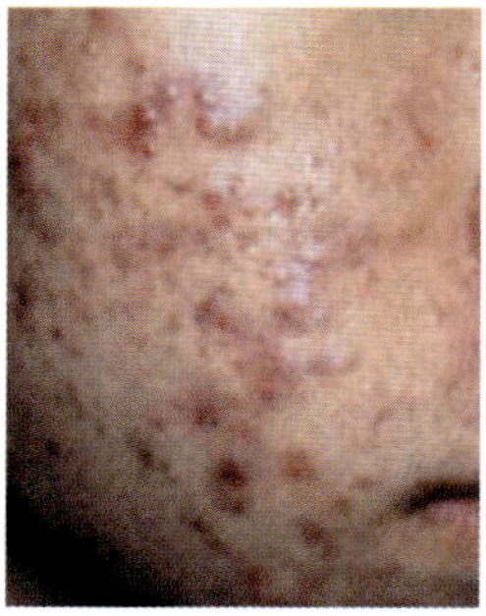

치료 전

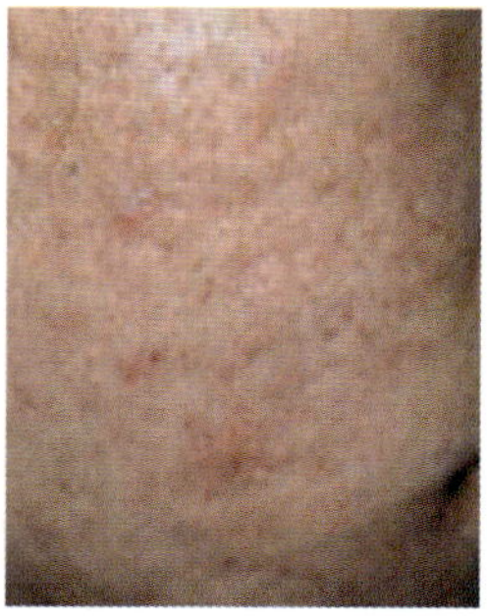

치료 1년 후

그림 4-5 글리콜산을 이용한 여드름 치료

표 4-4 피부 타입별 A.H.A 와 B.H.A 의 농도 및 pH가

피부 타입	A.H.A, B.H.A의 농도 및 pH가
정상피부	12~18% A.H.A pH 3.0~3.5
지성피부	10~12% B.H.A(salicylic acid) 대략 pH 3.8
건성피부	8~10% A.H.A(lactic acid) 대략 pH 4.0~4.3
복합성피부	12~18% 젤 또는 세럼 형태의 A.H.A pH 2.8~3.5
민감성피부	8~10% A.H.A(lactic acid) 대략 pH 4.0~4.3

(2) B.H.A(beta hydroxy acid)

살리실산이라 알려진 B.H.A는 화학적 필링의 또 다른 성분이다. 살리실산은 버드나무나 자작나무에서 추출되는데 B.H.A의 유일한 성분이다. B.H.A를 이용한 필링은 색소침착 부위를 연하게 해주고, 피부를 매끄럽게 해주며 잔주름을 감소시키는 등 A.H.A와 유사한 효과를 나타내고 있다.

B.H.A는 각질층의 아라키돈산에 영향을 주어 항염 효과를 나타내 여드름과 주사(rosacea) 환자들에게 효과적으로 사용되고 있다. 또한 친유성(lipophilic)의 특징을 가지고 있어 모공 속의 기름을 흡수하여 모공 입구의 각질을 탈락시킬 수 있어 두피관리에도 효과를 나타내고 있다.

1) B.H.A의 필링 원리

B.H.A의 대표적인 살리실산은 피부에 도포되자마자 케라틴과 결합하여 응집력이 있는 막의 형태로 변하여 각질층을 제거한다. 또한 B.H.A는 피부 표피층에만 작용하며 균일하게 피부 속으로 흡수된다.

2) B.H.A의 특징

적용피부	① 각질이 많은 피부 ② 주사(rosacea) ③ 구진형 여드름 ④ 잔주름이 많은 피부 ⑤ 피부결이 거친 피부 ⑥ 색소침착이 있는 피부
장　점	① 항염 효과가 있다. ② A.H.A보다 따가움과 자극이 덜하다. ③ 지용성의 특징이 있어 모공 안의 면포를 용해시킨다. ④ 중화과정이 필요없다. ⑤ 살리실산이 세포와 반응하여 하얀 침전물이 형성되기 때문에 B.H.A가 골고루 발라졌는가 확인이 가능하다.
단　점	① 넓은 부위에 너무 많은 양을 사용 시 살리실리즘(salicylism)라는 독성이 생길 수 있다. ② 임산부, 수유부, 아스피린에 알레르기가 있는 사람은 높은 농도를 피한다.

B.H.A 2% 정도의 농도를 홈케어용으로 여드름 세안제에 많이 사용하며 두피관리 시에도 많이 사용하고 있다.

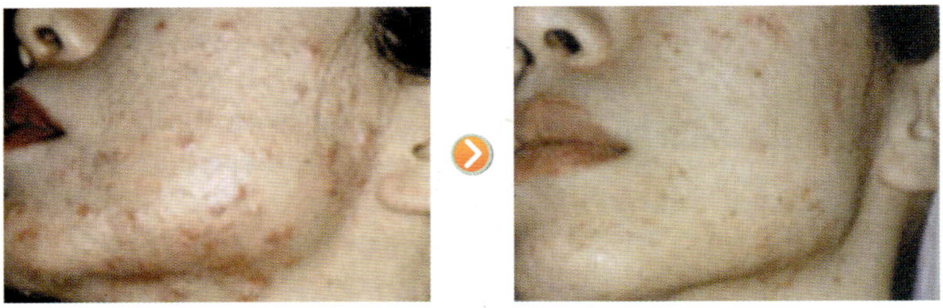

필링 전 3회 필링후 1개월

그림 4-6 살리실산을 이용한 여드름 치료

(3) 제스너 용액(Jessner's solution)

Coomb's 용액으로 불리기도 하며 1940년 후반에 Dr. Max Jessner에 의해 제조되었다. 우리나라에서는 1990년 중반부터 제스너 용액을 이용하여 여드름 치료에 기본적으로 사용되었으며, 치료 효과도 매우 빠르게 나타나고 고객 또한 여드름 치료에 큰 만족을 하고 있다. 여드름 치료 시 제스너 용액을 이용하여 각질의 일부분을 제거하는 스케일링을 실시한 320명을 조사하였을 때 첫 번째 실시한 스케일링이 고객의 만족도가 가장 높은 것으로 조사 되었으며 여드름 치료에 스케일링이 매우 효과적인 것으로 나타났다.

제스너 용액은 레소르시놀, 살리실산, 젖산을 에탄올에 혼합하여 만든 것으로 각질제거 효과가 있는 레조르시놀과 살리실산의 기능을 가장 효과적으로 하면서 부작용을 최소화시키려 했다. 이 용액은 여러 가지 성분을 섞은 복합성분이며 지루성이나 염증을 동반한 피부에도 사용이 가능한 필링제이다. 필링 시술 후 약간의 홍반과 작열감이 나타나며, 프로스팅(frosting, 하얗게 일어나는 반응)으로 필링의 깊이를 알 수 있다.

제스너 용액은 얕은 필링 시 사용되나 농도 조절을 하여 매우 얕은 필링 시술인 각질층을 제거해 주는 스케일링 시 주로 이용된다.

표 4-5 Jessner' s solution(Coomb' s 용액)의 구성성분

성 분	효 과	양
resorcino	각질제거	14g
살리실산(salicylic acid)	각질제거, 소염작용	14g
젖산(Lactic acid)	각질제거, 보습효과	14g
위의 성분들을 95% 농도의 에탄올에 혼합하여 100mL 용액으로 만든다.		

1) 제스너 용액의 특징

① 중화가 필요하지 않다.

② Skin type IV 이상의 피부 타입을 가진 환자들에게는 염증 후 과색소침착의 위험이 있다.

③ 레조르시놀(Resorcinol)에 의해 접촉성 피부염을 일으킬 수 있다.

④ 도포 후 3~5분이 지나면 앙금이 생긴다.

⑤ 시술 후 7일 동안 각질이 눈에 띄게 벗겨지는 것을 볼 수 있다.

2) 적용피부

① 여드름 피부

② 각질이 많은 피부

③ 주사(rosacea)

3) 제스너 용액 사용 시 주의사항

① 레조르시놀에 민감한 사람은 사용을 금지하거나 이 성분을 뺀 제품을 사용한다.

② 전신 흡수를 피한다.

③ 레조르시놀과 살리실산으로 인한 부작용을 피하기 위해 신체의 넓은 부위에 사용을 금한다.

4) 부작용

① 염증 후 과다 색소침착

② 염증

③ 피부가 자극을 받아 예민해짐

④ 알레르기 유발

⑤ 세균 바이러스 감염

(4) 레조르시놀

레조르시놀은 1882년 독일 피부과 의사인 Unna가 레조르시놀 10%, 20%, 30%를 이용하여 필링을 실시한 후, 그 효과를 설명한 이후 지금까지 화학적 필링제로 사용되고 있다.

페놀(phenol)유도체로써 가려움증 방지, 각질분해, 항진균, 방부성을 가지고 있으며 주로 과색소 부위와 여드름 치료 시 사용된다. 레소르시놀은 케라틴의 수소결합을 와해시켜 각질탈락을 유도하는 작용을 하며, 살균 효과가 있다.

1) 레조르시놀의 특징

① 필링 시술 후 2~3시간 후에 과립층에서 분리작용이 일어나고 혈관이 이완되고 기저층에서 유사분열이 증가된다.

② 필링 실시 후 2~3시간 동안 작열감을 느낄 수 있다.

③ 3일 후 피부가 갈색으로 변하면서 건조해지고 팽팽해지는 느낌을 가지게 된다.

④ 1주일 경과 후 피부톤이 맑아지고 피부가 깨끗해진다.

⑤ 1주일 후에는 섬유아 세포의 증식이 나타난다.

⑥ 4개월 후에는 진피의 콜라겐층이 두텁게 유지된다.

2) 적용 피부

① 면포성 여드름 피부

② 표피성 흉터

③ 기미, 검버섯 등 과색소 피부

3) 레조르시놀 사용 시 주의사항

① 사용하기 전에 충분히 피부 테스트가 있어야 한다.

② 페놀의 독성이 보고되고 있기 때문에 피부표면에만 국한적으로 사용해야 한다.

③ Skin type IV인 경우, 과다 색소침착을 유발할 수 있어 신중하게 사용해야 한다.

④ 갈색으로 변한 피부조직을 인위적으로 제거해서는 안 된다. 흉터를 유발할 수 있다.

⑤ 햇빛에 노출 시 심한 색소침착이 유발될 수 있으므로 자외선 차단에 각별히 신경을 써야 한다.

4) 부작용

① 장기간 사용 시 점액 부종(myxedema) 발생

② 접촉성 알레르기

③ 과다 색소침착

④ 아이들에게 사용 시 메트헤모글로빈증(methemoglobinemia) 유발

(5) T.C.A(trichloroacetic acid)

T.C.A는 단백질을 응고시키는 아세트 산(acetic acid)의 일종으로, 표피와 진피 상부까지 박리할 수 있다. 1960년 Ayres에 의해 대중화되어 현재에도 많이 사용되는 필링제이다. T.C.A는 35~40% 진피상부까지 박리를 시키지만 피부 부속기관인 모낭으로부터 표피세포가 재생되며 2~3주 내에 진피가 재생되어 피부에 흉터를 남기지 않는다. T.C.A의 진피 내 침투는 표피의 두께에 따라 다르다.

두꺼운 표피를 가진 조직에서는 진피의 괴사가 경미하게 일어나며, 표피가 얇은 일광손상피부나 방사선 피부염이 있는 경우에는 T.C.A를 사용할 수 없다. T.C.A 도포 후 변성된 단백질은 프로스팅이 생기는데 이것은 필링이 완료된 것을 의미한다. 프로스팅은 산에 의한 피부 단백질 변화와 일시적인 혈관수축과 연관이 있는 것으로 여겨진다. 프로스팅이 생기는 데 걸리는 시간 간격은 산의 농도에 따라 다르나, T.C.A 40%는 5~7초 정도 걸리고 이보다 묽은 산을 바르면 15~20분까지 걸릴 수 있다.

T.C.A와 바르는 양, 발라주는 힘에 따라 필링의 깊이가 다르므로 환자의 관리 목적에 맞게 조절해야 한다. 육안으로 확인할 수 있는 프로스팅은 제스너 용액을 이용한 필링보다 쉽게 확인되고, 글리콜산을 이용한 필링 시 발생하는 홍반보다 더 쉽게 확인할 수 있다. T.C.A 도포 후 3~4일 경과 후 서서히 가피가 생성되고 회복되는 기간은 얕은 필링인 경우는 5~7일 정도, 깊은 필링 시에는 7~10일 정도 지나야 한다.

그림 4-7 T.C.A

T.C.A를 이용하여 깊은 필링을 실시할 때는 신중을 기해야 한다. 동양인들에게는 염증 후 색소침착(PIH :post inflammatory hyperpigmentation)이 나타날 수 있다. 염증 후 색소침착은 일시적으로 발생된 현상이어서 관리 후 치료할 수 있지만 방치하면 영구적 색소침착이 남을 수 있다.

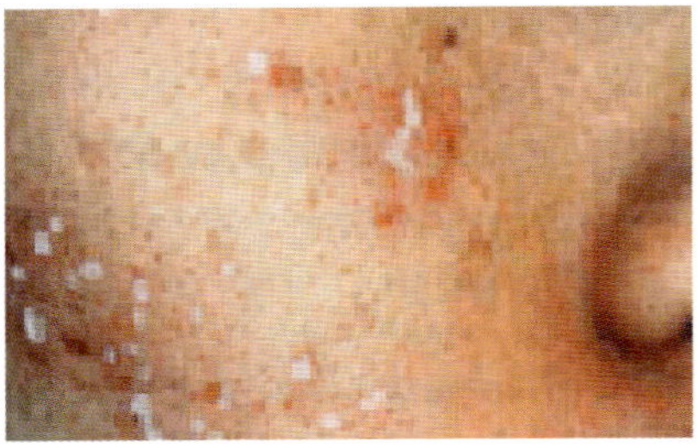

그림 4-8 T.C.A에 의한 프로스팅 상태

표 4-6 T.C.A 농도에 따른 피부 침투와 효과

T.C.A 농도	피 부 침 투	효 과
15~20%	표피의 일부층	• 잔주름 완화 • 피부형 색소침착 완화 • 피부톤이 맑아짐 • 피부가 매끄러워짐
35~40%	전체 표피층 진피의 상부 망상층	• 여드름 흉터 완화 • 일광손상 완화 • 보통 주름 완화 • 광선각화증 완화
45%	전체 표피층 진피의 중간 망상진피	• 깊은 주름 • 깊은 흉터 • 황색종
75~100%	진피하부	• Cross 실시 때 사용

Check Point

• Cross (chemical peconstruction of skin scar)
Dot's peel이라고도 하며, 파여있는 흉터나 넓어진 모공바닥에 T.C.A를 넣어 진피 내의 섬유아 세포를 자극하여 콜라겐과 엘라스틴의 합성을 증가시켜 점차 차오르게 만들어서 넓어진 모공이나 흉터를 메워주는 화학적 흉터 복원술이다. 1990년부터 이정복 원장이 개발하기 시작하여 2002년 11월, 새로운 시술법으로 미국에서 인정을 받았다.

1) T.C.A의 특징

① 단백질 변성을 일으킨다.

② 35% 이상의 농도는 섬유아 세포를 자극하여 피부탄력을 증가시킨다.

③ 프로스팅이 생겨 필링의 완성을 알 수 있다.

④ 진피 내의 침투는 표피의 두께에 따라 다르다.

⑤ 피부 내의 침투력은 농도에 따라 다르다.

2) T.C.A 필링 후 재생된 조직의 특징

① 표피 기저층의 멜라닌 색소의 양이 감소한다.

② 표피가 두꺼워진다.

③ 진피의 유두층이 두꺼워진다.

④ 진피기질과 새로운 교원섬유가 증가한다.

⑤ 피부재생이 빨라진다.

3) 적용피부

① 잔주름이 있는 피부

② 표피성 기미, 표피성 주근깨

③ 검버섯

④ 여드름 흉터

4) T.C.A 사용 시 주의사항

① T.C.A 도포 시 통증과 작열감이 유발되기 때문에 예민한 사람은 이러한 증세를 심하게 느낄 수 있다.

② 경구용 피임제를 복용하는 경우 멜라닌 생성이 증가할 수 있다.

③ 켈로이드성 체질을 가진 사람은 켈로이드가 생성될 수 있다.

④ 단순포진 병력이 있는 사람은 피부 면역력이 떨어져 있기 때문에 세균, 바이러스에 감염이 되기 쉽다.

⑤ 스테로이드제를 오랫동안 바르거나 복용한 경우 피부가 얇아져 있어 T.C.A가 깊게 침투된다.

Check Point

T.C.A필링 후 시술한 부위에 형성된 딱지는 천천히 떨어지는 게 좋다. 대개 딱지는 1~2주 사이에 저절로 떨어진다.

5) 부작용

① 염증 후 색소침착(PIH)

② 비후성 반흔

③ 홍반

④ 세균, 바이러스의 감염

Check Point

각질층을 얇고 고르게 하기 위해 제스너 용액(Jessner's solution)이나 글리콜산 (glycoric acid)를 이용해 피부표면을 필링한 후 T.C.A를 사용하기도 한다.

(6) 페놀(phenol)

페놀은 1930년 Mackee에 의해 여드름 치료용으로 처음 사용되었다. Baker와 Litton은 다른 약물과 혼합하여 Baker's formula를 만들어 피부질환에 사용하였다. 조직의 침투력이 T.C.A보다 강해 흉터가 생길 수 있다.

T.C.A의 경우에는 프로스팅을 보면서 필링의 깊이 조절이 가능하나 페놀은 피부에 바른 즉시 프로스팅이 되고, 금방 소실되기 때문에 깊이 조절을 할 수가 없다. 화학적 성분이 흡수되어 심장, 간, 신장에 손상을 줄 수 있으며 특히 부정맥을 일으킬 수 있기 때문에 주의 깊게 시술해야 한다.

(7) A.F.A (amino fruit acid)

A.F.A는 자연산을 이용하여 얇은 박피를 실시할 때 사용된다. 기존의 A.H.A보다 수분보유 능력이 뛰어나고, 시술 후 피부가 건조해지지 않으며 피부톤도 맑아진다. A.F.A는 pH가 1.8 이하이며, 분자크기도 작아 필링 효과가 뛰어나 A.H.A보다 자극이 현저히 작고 광과민증이 거의 일어나지 않는다.

1) A.F.A의 효과

① 피지조절 및 보습효과
② 새로운 피부조직 생성
③ 가는 주름 제거
④ 각질제거
⑤ 미백효과
⑥ 피부표면의 색소침착 제거
⑦ 피부톤을 맑게하고 피부결을 부드럽게 함

2) 적용피부

① 노화피부
② 색소침착 피부

③ 여드름 피부

④ 건성피부

Check Point

- 미백효과를 주기위해 전기영동법을 실시하여 비타민 C를 침투시키거나 또는 미세박피술을 겸하면 효과적이다.
- 아미노필링과 옥시젯을 사용하면 피부재생이 빠르다.

(8) 로테이션 필링

천연성분인 호박, 크랜베리, 비타민 C, 살리실산을 이용하여 필링을 한다.

1) 종류

① 호박산(pumpkin acid) : 냉동건조 과정을 거친 호박에서 추출한 천연과일산과 효소(enzyme)를 농축상태로 사용한다.

② 비타민 C(vitamin C) : 과일에서 추출한 효소 파우더와 아스코르빈산(L-ascorbic acid)을 혼합해서 사용한다.

③ 크랜베리(cranberry) : 크랜베리 과일에서 추출한 파파인, 과일산이 트러블이 잘 생기는 피부를 건강하게 해 준다.

④ 살리실산(salycilic acid) : B.H.A로, 각질 사이에 있는 과다한 유분을 녹여 묵은 각질 제거, 모공청소, 여드름 염증완화에 큰 효과가 있다.

2) 특징

① 피부의 필링 효과를 극대화한다.

② 맞춤형 필링으로 피부상태와 질환 원인에 따라 2~3가지 성분을 사용할 수 있다.

③ 색소침착이 거의 없다.

④ 민감한 피부에 부작용이 없다.

3) 적용피부

① 여드름 피부

② 어둡고 칙칙한 피부

③ 초기 단계의 노화피부

(9) 해초(sea grass)

해초 필링은 피부에 천연성분인 해초를 바르고 물리적인 방법(마사지)을 적용하면 해초의 미세침 성분(유기칼슘, 규산)이 피부에 연마 작용을 하여 표피층을 벗겨낸다. 또한 해초성분 속에 있는 여러 가지 복합효소들의 작용으로 피부의 자연적인 박리를 유도한다. 따라서 필링의 원리는 효소를 이용한 필링과 물리적 자극에 의한 필링이 합쳐진 것이다.

마사지하는 강도, 시간, 압력에 따라서 필링의 깊이가 결정된다. 필링 시 약간의 통증이 있으며 2~3일 동안 얼굴이 붉어지고 그 후 가피가 벗겨지기 시작하며 5~6일이면 가피가 거의 다 제거되어 일상생활에 영향을 주지 않는다.

1) 해초 필링 전 주의사항

① 해초 트리트먼트 시술 1주일 전부터 홈케어 제품을 사용한다.

② 필링 전 고객이 새우나 생선 알레르기가 있는 경우, 패치테스트 후 필링을 한다.

③ 임산부, 수유부에게는 해초 필링을 사용하지 않는다.

④ 보톡스나 레스틸렌 등 얼굴성형 주사를 맞은 사람은 4주 후에 사용한다.

⑤ 심한 감기 몸살, 독감 등으로 몸이 아플 때는 몸이 완쾌된 후에 사용한다.

⑥ 생리기간은 피해서 사용하는 것이 좋다.

⑦ 알레르기, 아토피성 피부가 심한 사람, 켈로이드 피부, 헤르페스(herpes) 바이러스 보균자는 사용하지 않는다.

⑧ 반드시 콘텍트렌즈는 빼고 사용한다.

⑨ 고객의 피부를 정확히 파악한 후에 피부 타입에 따라서 활성액(엑티베이터)을 선택한다.

⑩ 해초 필링은 문지르는 압력, 시간, 속도를 주의한다.

2) 해초 필링 후 주의사항

① 당뇨병, 고혈압, 갑상선 기능 항진증이 있는 경우는 정상인에 비해서 다소 부종이 발생할 수 있다(부종이 발생할 경우는 얼음찜질을 하면 쉽게 가라앉는다).

② 재생에 필요한 홈케어 제품을 반드시 사용한다.

③ 피부가 박리되어 피부 표면에 있는 죽은 각질은 자연적으로 모두 탈락이 될 때까지 손으로 뜯거나 만지지 말아야 한다.

④ 땀 흘리는 운동, 음주, 흡연, 매운 음식, 찜질방은 삼간다.

⑤ 자외선 차단제를 반드시 바른다.

⑥ 충분한 수면을 취하고 하루에 물을 8잔 이상씩 마시고, 피곤한 사람은 비타민 B군과 비타민 C를 복용한다.

⑦ 해초 필링 후 24시간 동안 세안을 하지 않는다.

3) 적응증

여드름, 잡티, 기미, 늘어난 모공, 피부톤을 개선시킬 때

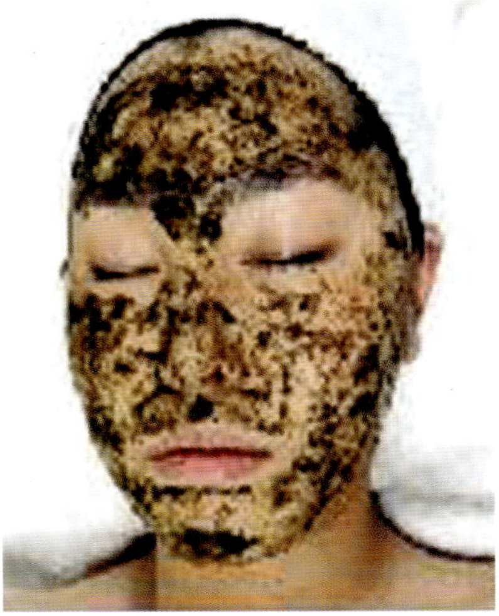

그림 4-9 해초 팩을 바른 상태

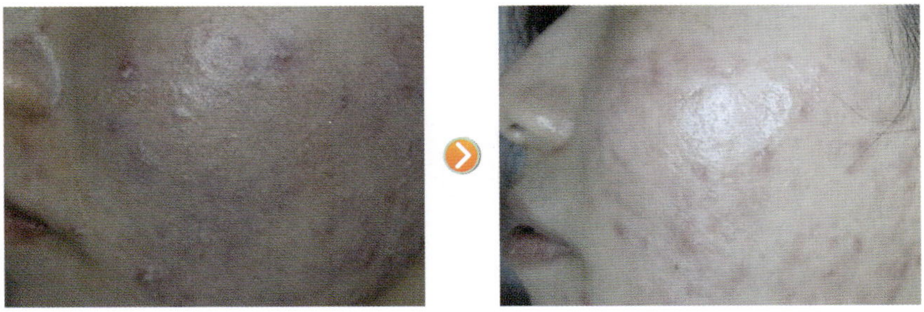

그림 4-10 해초 필링을 이용한 여드름 관리 전과 후

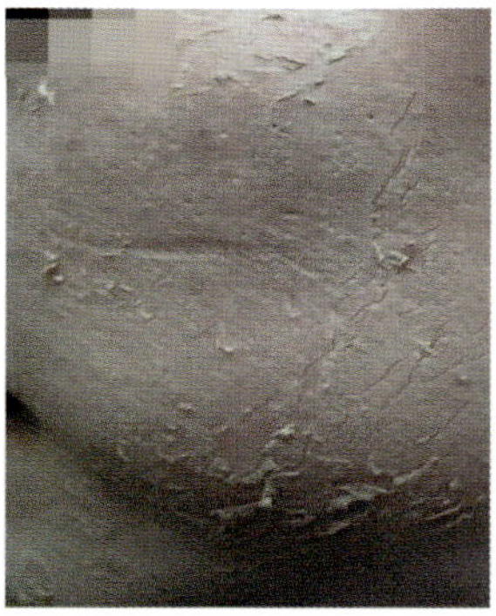

3일 후

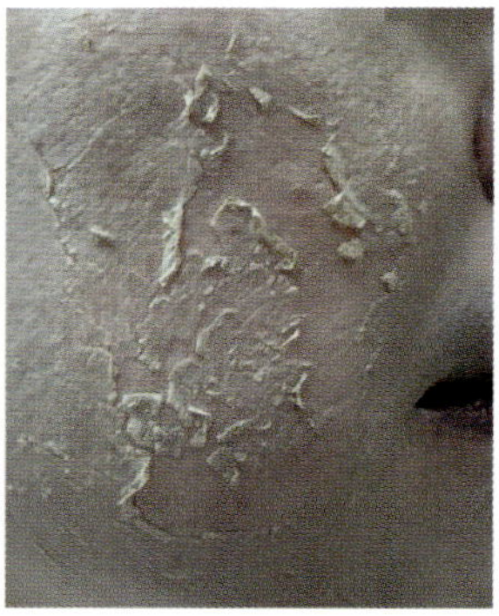

4일 후

그림 4-11 해초 필링 후 각질의 박리 모습

5. 필링 전 처치

화학적·기계적 필링, 레이저 필링 시술 시 먼저 발라 주어 필링 후 생길 수 있는 변색, 탈색, 또는 색소침착 등의 합병증을 줄이기 위해 Kligman이 고안한 formula를 사용한다. 현재 레이저 필링이나 T.C.A를 이용한 화학적 박피술에는 전 처치가 보편화되어 있고 후 처치로도 사용되고 있다.

얼굴에 색소침착이 있던 환자에게는 필링 전 후에 장기간 동안 Kligman formula 사용이 권장되고 있다.

최근에는 화학적 필링을 하기 2주 전부터 0.1% 레티노익산(retinoic acid) 또는 A.H.A가 함유된 크림, 하이드로퀴논(2~5%)을 차단제와 함께 사용하기도 한다.

6. 화학적 필링 시 부작용

① 색소변이 : 각질이 탈락된 곳과 그렇지 않은 곳의 피부색이 다르다. 이러한 현상은 일시적 현상으로 1~2개월 안에 사라진다.

② 색소침착 : 과색소 침착은 미백 성분으로 관리해야 하며 때로는 몇 달 후 자연적으로 사라진다.

③ 감염 : 필링이 깊을수록 감염의 가능성이 크며 감염 발생 시 항염 치료가 필요하다.

④ 여드름과 같은 발진 : 소수 환자들에게 일어날 수 있으나 보통 5~6일 이내에 사라진다.

⑤ 알레르기 반응 : 알레르기 반응은 레조르시놀 필링 시 가장 많이 일어난다. 알레르기에 의한 색소침착이나 상처와 같은 부작용이 증가하지 않게 주의한다.

⑥ 지속적인 홍반 : 필링 후 2~3주 동안 홍반이 계속되는 것은 정상이나 3주 후에도 계속되면 스테로이드 처방 및 레이저를 이용해 관리해야 한다.

⑦ 흉터 : 깊은 필링 후 또는 지속적으로 약한 필링을 했을 때 부작용으로 흉터가 남을 수 있다. 필링 후 알레르기 반응, 감염, 켈로이드 생성으로 흉터 발생 가능성이 있으므로 주의한다.

7. 화학적 필링 시 주의사항

1. 피부색

① 흰 피부 : 필링의 부작용으로 나타나는 탈색, 색소침착의 가능성이 적다. 대부분 피부가 민감한 피부이기 때문에 깊이 조절에 유의해야 한다.

② 피부가 검고 피부 부속기관이 잘 발달된 사람 : 흰 피부와 같은 깊이의 필링 시 부작용이 적고 좀 더 깊은 층까지 필링이 가능하다.

2. 피부의 두께

① 피부가 두꺼운 사람 : 화학적 필링의 효과를 높이기 위해 깊은 필링이 요구되며 깊은 필링 시 부작용이 거의 없으나 비후성 반흔이나 켈로이드가 생길 확률이 높다.

② 피부가 얇은 사람 : 유두층 이하의 필링은 조심해야 한다.

3. 위험한 부위

① 눈 주변의 피부는 너무 얇아 깊은 필링 시 반흔이 생기기 쉽다.

② 상안검, 하안검은 유두층 이하로 절대 내려가서는 안 된다.

③ 하악골에서 목선이 위치한 피부와 목에 있는 피부는 피부 부속기관이 덜 발달되어 있고 피부도 얇기 때문에 유두층 이하로 필링을 하면 쉽게 비후성 반흔이나 켈로이드가 생길 수 있다.

8. 화학적 필링 후 주의사항

① 각질이 일어날 경우 절대로 인위적으로 제거해서는 안 된다.
② 가피가 형성되었을 때 자극이 되는 테크닉은 삼간다.
③ 보습을 충분히 한다.
④ 사우나 및 땀이 날 정도의 심한 운동은 삼간다.
⑤ 뜨겁고 매운 음식은 피한다
⑥ 자외선 차단제를 철저하게 바른다.
⑦ 세안하는 동안 딱지가 떨어지지 않게 해야 하므로 얼굴을 문지르지 않는다.

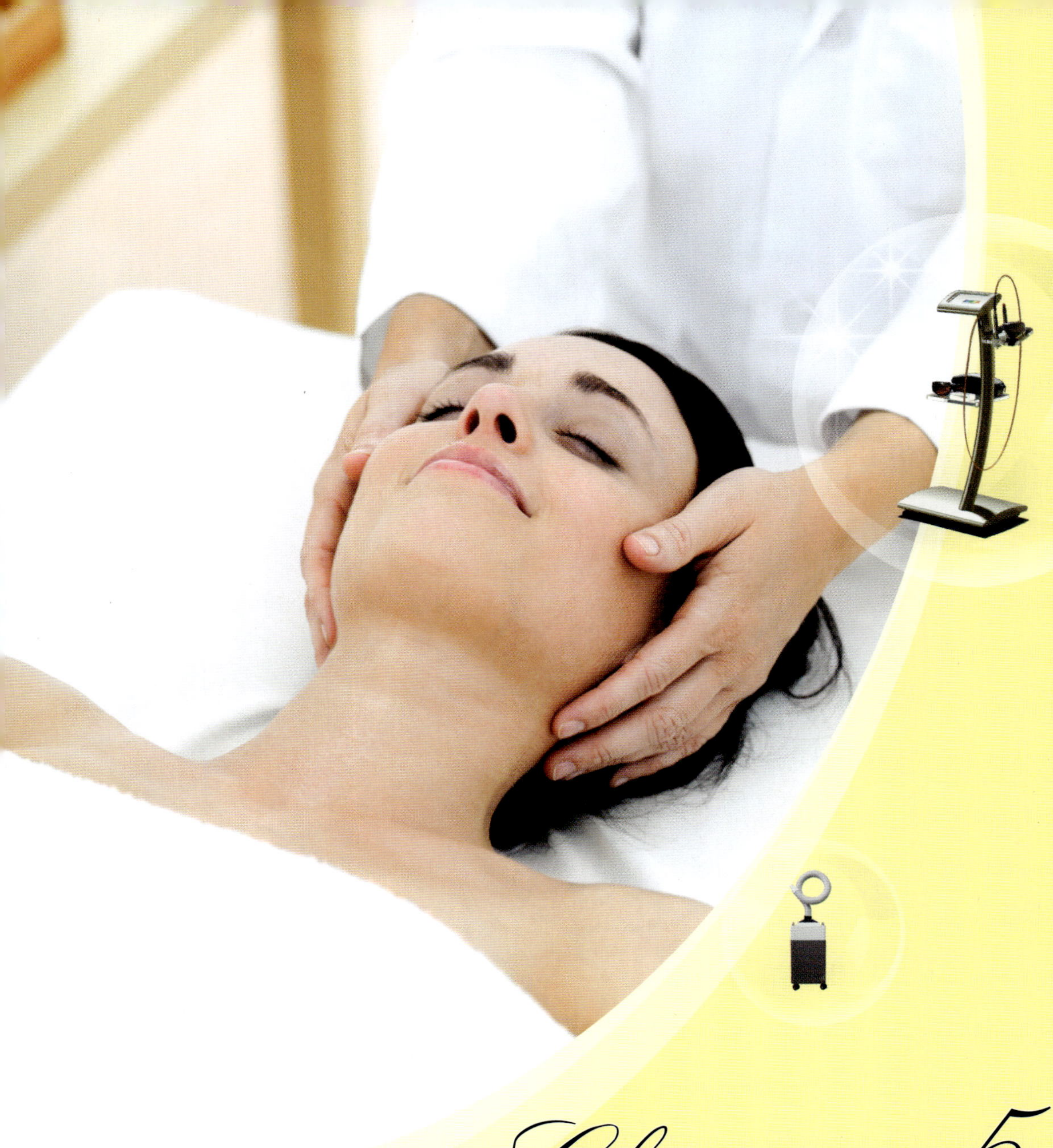

Chapter 5

기기를 이용한 메디컬 스킨케어

Chapter 5

기기를 이용한 메디컬 스킨케어

1. 레이저를 이용한 기기

1. 레이저의 정의

레이저(laser)는 'light amplification by stimulated emission of radiation' 의 머리 글자를 모아 만든 합성어로, 매질을 이용하여 에너지원을 증폭시켜 원하는 파장의 빛을 원하는 강도만큼 조사하는 것이다. 시중에는 다양한 레이저 기기들이 있다.

2. 레이저의 역사

레이저가 임상학적으로 환자의 치료에 최초로 상용된 것은 1960년 Theodore maiman이 개발한 루비 레이저이다. 1961년에는 Johnson이 엔디-야그 레이저를 개발하였으며, 그 후 1964년에 Bridge에 의해 아르곤 레이저가 개발되어 여러가지 선천성 후천성 혈관병변에 쓰여지기 시작했다. 1964년 Patel에 의해 이산화탄소 레이저가 개발되었고, 그 후 1970년대부터는 아르곤 레이저와 이산화탄소 레이저가 피부과에서 많이 사용되기 시작했다.

잔주름을 효과적으로 치료하기 위해 극초단파의 레이저(ultra-pulsed laser), 어비움 야그 레이저(erbium YAG laser) 등이 개발되었다. 큐 스위치(Q-switched) 모드가 함께 사용되며 피부질환 치료의 효과가 증진되어 레이저를 이용한 치료가 확대되고 있다. 또한 매년 새로운 레이저가 개발되어 치료기술 또한 향상되고 있다.

3. 레이저의 발생원리

레이저 광선은 전자자기 분광의 일종이다. 레이저의 종류에 따라 파장범위가 자외선, 가시광선, 적외선 등에 광범위하게 분포되어 있으며 외부 에너지원을 이용하여 유도방출 과정에서 빛의 증폭을 일으켜 생기는 특수한 광선으로 일광이나 백열등 같은 자연 방출에 의해 생기는 광선과는 물리적으로 큰 차이가 있다.

[레이저 기기의 3가지 구조]

① 레이저의 파장을 결정짓는 매질의 종류

② 레이저 매질이 갖는 광학공진기(optical cavity)

2개의 평행한 거울이 자기 확대 기능을 하여 한쪽 거울이 일부의 빛을 통과시켜 레이저광이 외부로 방출하게 된다.

③ 동력원(energy source)

레이저 매질에 에너지를 공급하여 매질 원자의 에너지전위를 높여 빛을 발생하게 한다.

4. 레이저 광선의 특징

레이저 광선의 특징은 단색성(mono chromaticity), 간섭성(coherence), 직진성(collimation)이다. 레이저광선이 많은 양의 광 에너지를 목표물에 집중 조사 할 수 있는 것은 이 특징들 때문이다.

표 5–1 레이저 광선의 특징

단색성	레이저는 단일파장으로 같은 색깔, 같은 파장을 가진 광자로 구성되어 일정한 파장으로 가진 빛이 분산되지 않고 일정하게 진행된다.
간섭성	레이저 광선은 같은 형태의 파동을 가지면서 같은 방향으로 진행되면 서로 간섭성을 가진다.
직진성	레이저 빛의 파장을 평행하게 유지하여 나아가며 다른 방향으로 바뀌지않고 일정하게 진행한다.

표 5–2 매질과 레이저의 종류

매질의 종류	레이저의 종류
기체	Co_2 Laser, He-Ne Laser, Ar Laser
액체	Dye Laser
고체	Nd-Yag Laser, Er-Yag Laser, Alexandrite Laser, Ruby Laser

5. 레이저의 조직 내 작용

빛이 조직에 닿게 되면 반사(reflection), 산란(scattering), 통과(transmission), 흡수(absorption)과정이 생긴다. 레이저의 치료효과는 흡수에 의해 나타나며 조직에서 빛을 흡수하는 물질을 발색단(chromophore)이라고 한다.

각 발색단은 특정한 흡수파장을 가지고 있으며 그 대표적인 예로 수분, 멜라닌 색소, 혈색소 등이 있다. 출력, 조사시간, 조사광의 양식, 파장, spot 크기 등의 레이저 특성과 조직의 광학적 특성을 고려해야 한다.

6. 레이저의 종류

(1) 기체를 매질로 한 레이저 기기

1) 아르곤 레이저(Ar laser)

- 아르곤 레이저는 488(청색)nm와 514(녹색)nm파장의 가시광선으로 혈색소와 멜라닌에 선택적으로 흡수된다. 이산화탄소 레이저(CO_2 laser)에 비해 빛의 산란과 열의 전도도가 높아 주위 조직을 손상시켜 비후성 반흔, 영구적인 저색소증, 피부위축 등의 부작용이 생길 수 있어 현재에는 잘 이용되지 않고 있다.

  [적응증]

  화염상 모반, 노인성 혈관종, 화농성 육아종, 모세혈관 확장증, 성망상 혈관종

2) 이산화탄소 레이저(CO_2 laser)

- 이산화탄소 레이저는 10,600nm 파장의 적외선 영역의 광선으로 조직의 수분에 친화성을 가져 세포내외의 수분에 비선택적으로 흡수된다. 이산화탄소 레이저 광선은 눈에 보이지 않아 예상보다 많은 열 손상을 초래할 수 있다. 반사, 산란이 적어 표적에 대부분의 에너지를 적용할 수 있어 절제용으로 많이 쓰여지고 있으며, 양성 및 악성 피부종양 제거에 가장 많이 쓰이는 레이저다.

  이산화탄소 레이저에 초단파(super-pulse), 극초단파(ultra-pulse) 모드를 이용하여 안면주름 제거나 흉터 제거 등에 많이 이용되기도 한다.

  [적응증]

  점(모반), 사마귀, 티눈, 표피모반

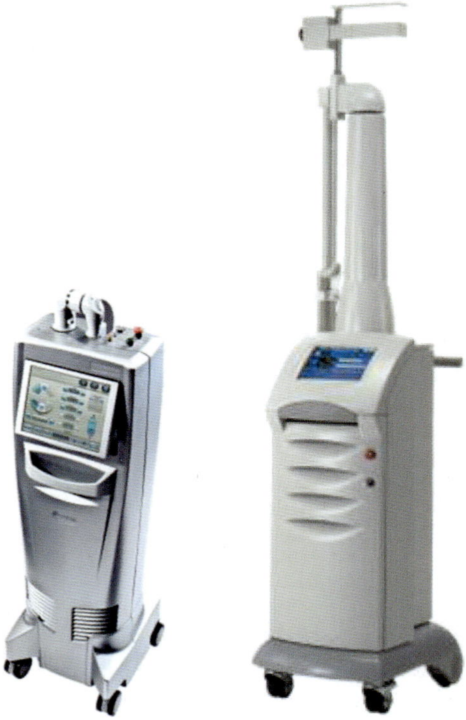

자료제공 : 함익병 피부과

그림 5-1 CO_2 laser

Check Point

[사마귀 치료 후 주의사항]

① 치료부위는 물이 닿지 않게 주의한다.

② 시간이 지나면 까맣게 물집이 생겼다가 딱지화될 수 있는데 딱지는 자연적으로 떨어지도록 두면 된다.

③ 물집이 과도하게 커지면 터뜨리지 말고 내원한다.

④ 사마귀는 바이러스 질환이라 재발할 가능성이 있으며 재치료는 2~3주 간격으로 한다.

Check Point

[점 제거 후 주의사항]

① 치료 후 바로 세안은 피한다.
② 다음날부터 손에 충분히 거품을 내어 가볍게 씻어낸다.
③ 치료 후 딱지가 생기면 1주~10일 정도 지나면 떨어진다.
④ 딱지가 생긴 부위에 항생제가 들어있는 연고를 바른다.
⑤ 딱지가 떨어질 때까지 수영장, 사우나는 삼간다.
⑥ 딱지가 떨어진 부위에 자외선 차단제를 바른다.

3) 헬륨–네온 레이저(He-Ne laser)

- 헬륨–네온 레이저는 저출력 레이저로 통증이 없고 치료 후 흉터가 없다. 치료 후 새로운 피부의 재생을 촉진시켜 치료기간을 단축시킬 수 있어 화학적 필링 후나 기타 레이저 필링 후 보조적인 방법으로 많이 사용된다.

  [적응증]

  혈행 촉진, 치유촉진, 알레르기성 피부염, 통증완화, 필링 후 피부재생, 레이저 치료 후 피부재생

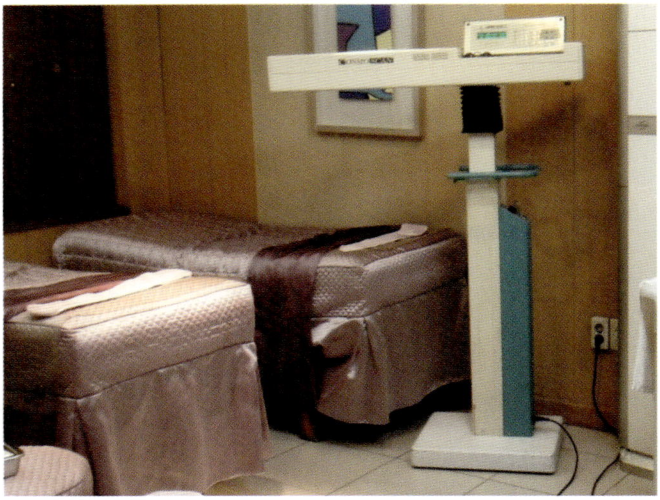

자료제공 : 이지함 피부과 이대점

그림 5–2 헬륨–네온 레이저

4) 엑시머 레이저(excimer laser)

• 엑시머 레이저는 고출력의 자외선 레이저로서 정상피부에는 영향을 주지 않으며 부작용을 최소화할 수 있다. 광학 치료법에 비해 멜라닌 생성을 빠르게 유도하므로 색소 침착을 빠르게 하나 병변이 전신적으로 넓게 퍼져 있는 경우에는 효율성이 떨어진다.

[적응증]

백반증, 건선, 튼살

(2) 액체를 매질로 한 레이저 기기

1) 다이 레이저(Dye laser)

① Dye 레이저는 용매에 유기색소(organ dye)와 rhodamine 색소를 녹여 이를 매질로 사용하는 색소 레이저로, 에너지원으로 flash lamp를 사용하여 분획광이 방출되므로 Pulsed Dye Laser(P.D.L)라 한다. 짧은 시간에 고출력의 에너지를 병소에 조사하면 에너지가 혈액과 혈관벽에만 국한되고 주위조직의 손상이 없어 반흔의 위험성이 거의 없다.

P.D.L은 마취가 필요 없고, 반흔의 위험이 적어 유아에게도 효과적인 치료가 가능하다. 병소의 흡수파장에 일치하는 파장을 방출하는 광선을 만들어 선택적으로 병소를 파괴하는 목적으로 개발되고 있다.

② 417nm의 파장을 가진 광선과 577nm의 파장을 가진 광선은 혈색소에 잘 흡수되는 파장이지만, 417nm의 파장을 가진 광선은 흡수는 잘 되나 진피 내 침투가 용이하지 못하고 멜라닌에 대한 흡수율이 높아 다른 조직의 손상을 초래하므로 577nm의 파장만을 방출하는 색소 레이저를 사용하고 있다.

③ 585nm의 황색광선은 rhodamine 색소를 매질로 하여 혈관 병변 치료에 효과적이다.

④ 511nm, 514nm의 파장을 가진 PLDL(Pigmented Lesion Dye Laser)는 멜라닌을 선택적으로 광열 용해작용을 유발한다.

[적응증]

화염상모반, 모세혈관 확장증, 작고 편평한 혈관병변, 흑자, 주근깨, 반점

(3) 고체를 매질로 한 레이저 기기

1) 엔디 야그 레이저(Nd : YAG laser)

① 엔디 야그 레이저광은 1,064nm의 적외선으로 눈에 보이지 않고 물에 흡수되지 않는다. 조직의 침투는 4~6nm로 이산화탄소 레이저보다 깊고 병소 주변 조직으로 반사·산란되어 많은 에너지가 흡수되지 않아 열손상이 적다.
Q-switched 모드를 적용해서 여러 가지 색소 질환을 치료하는 데 가장 널리 사용되고 있다. 또한 파장을 532nm로 단축시킨 레이저는 511nm의 색소 레이저와 함께 사용된다.

② 1,064nm의 파장을 가진 엔디 야그 레이저에 Q-switched 방식을 적용하여 색소질환 치료에 사용된다.

③ 532nm로 파장을 단축시킨 엔디야그 레이저는 511nm의 색소레이저와 함께 색소성 피부질환에 사용된다.

[적응증]

오타모반, 문신, 주근깨, 검버섯, 흑자

Check Point

[잡티 치료 후 주의사항]

① 치료 직후 세안은 피하며 다음날부터 손에서 거품을 충분히 낸 후 물을 튕기듯이 가볍게 한다.
② 치료 후 1~3일간 차가운 냉찜질이 도움이 된다.
③ 딱지가 일찍 떨어지지 않게 주의한다.
④ 치료 후 딱지가 붙어있는 동안 재생연고를 하루에 2번 얇게 펴 바른다.
⑤ 딱지가 떨어질 때까지 수영, 사우나, 과도한 비누칠은 피한다.
⑥ 딱지가 떨어진 후에 자외선 차단제를 바른다.

2) 루비 레이저(ruby laser)

- 루비 레이저는 694nm의 적색광을 내는 레이저로 가장 처음 개발되어 사용되었다. 주로 멜라닌에 흡수되며, 일부는 혈색소에 의해서도 흡수가 된다. 표재성 색소병변뿐 아니라 진피성 색소병변에도 치료효과를 나타내나 1970년 이후에는 거의 사용되지 않고 있다.

[적응증]

문신, 오타모반, 주근깨, 검버섯, 피부반점

3) 알렉산드라이트 레이저(alexandrite laser)

• 알렉산드라이트 레이저는 755nm의 파장을 내며, 광화학적 특성이 루비 레이저와 비슷하여 색소성 병변에 사용된다. Q-switched mode를 이용하여 여러 가지 색소성 질환에 이용하며 long-pulsed mode가 개발되어 제모 시 이용되고 있다.

[적응증]

① Q-switched mode 알렉산드라이트 레이저의 적용범위 :
문신, 오타모반, 주근깨

② long-pulsed mode 알렉산드라이트 레이저의 적용범위 :
제모

Check Point

[제모 후 주의사항]

① 시술 1~2일 전 시술부위를 면도하고 내원한다. 최소 2주일 전에는 왁싱을 하지 않는다. 털을 뽑을 경우 치료효과가 떨어지므로 필요 시에는 면도를 한다.
② 시술 전/후 2~3개월간 과도한 선탠은 하지 않는다.
③ 치료 후 가벼운 샤워는 가능하나, 붉은 기가 있는 동안 비누칠이나 탕 목욕은 피하는 것이 좋다.
④ 치료 후 붉은 기가 2~3일 이상 지속되거나 물집이 잡히면 내원하여 전문의와 상담을 한다.
⑤ 치료 1~2주 후 올라오는 털들은 면도해도 된다.
⑥ 치료 전후 자외선 차단제를 꼼꼼히 발라준다.
⑦ 치료는 한 달 간격으로 3~5회 반복 시 효과가 난다.
⑧ 남자의 경우 수염부위 치료 시 전체적으로 또는 부분적으로 털이 빠질 수도 있다.

4) 어비움 야그 레이저(erbium YAG laser)

- 어비움 야그 레이저는 2,940nm의 파장을 내며 수분에 대한 흡수율이 이산화탄소 레이저보다 10배나 높다. 이산화탄소 레이저보다 더 정교하게 병소를 제거할 수 있다. 피부에 얇게 침투하여 주변조직에 열 손상을 주지 않으며 피부를 정교하게 깎아낼 수 있어 레이저 필링 시 가장 많이 이용된다.

  [적응증]

  점, 검버섯, 한관종, 주름, 흉터 등

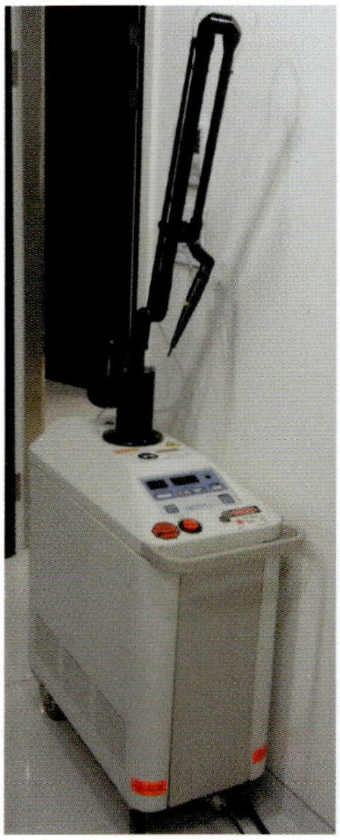

자료제공 : 함익병 피부과

그림 5-3
어비움 야그 레이저

5) 반도체 레이저

- 반도체 레이저는 다이오드 레이저라고도 하며 물이나 헤모글로빈에 흡수되지 않아 조직의 깊은 곳(20~30μm)까지 침투가 가능하다. 세포를 파괴시키지 않으면서 면역계 자극 및 신진대사를 촉진시킨다. 최근에는 고주파와 다이오드 레이저가 동시에 나오는 Elos(electro-optical synergy)기술을 이용한 장비들이 사용되기도 한다.

  [적응증]

  안면홍조, 기미, 주근깨

7. 레이저 필링 후 주의사항

① SPF 30, PA++의 기능을 가진 자외선 차단제를 철저히 발라 자외선을 철저히 차단한다.
② 보습관리를 철저히 한다. 건조함이 심할 때는 고농축 보습 앰플을 사용한다.
③ 시술 후 붉어짐과 화끈거림이 생길 수 있다. 냉찜질을 하면 효과적이다.
④ 일시적인 부종이 나타날 수 있으나 시간이 지나면 사라진다.
⑤ 시술 후 보습관리, 재생관리를 하면 효과적이다.
⑥ 사우나나 땀이 날 정도의 심한 운동은 1~2주 정도 삼간다.
⑦ 가벼운 샤워는 해도 되지만 탕에 들어가는 것은 피한다.
⑧ 세안은 딱지가 떨어지지 않게 얼굴을 문지르지 않고 가볍게 실시한다.
⑨ 필링 효과가 있는 A.H.A나 레티노익산(retinoic acid)의 사용은 금한다.
⑩ 세균, 바이러스 감염 시 전문의와 상담한다.
⑪ 홍반이 심하면 홍반 관리를 받는다.

8. 레이저 시술 후 부작용

① 홍반
② 색소침착
③ 여드름 생성
④ 여드름 악화
⑤ 비후성 반흔
⑥ 부종
⑦ 바이러스 감염
⑧ 세균 감염

Check Point

레이저 시술 전 처치에는 레티노익산(retinoic acid 0.025~0.01%), 글리콜산(glycoric acid)을 사용하고, 시술 후에는 하이드로퀴논(hydroquinone) 4%를 사용하면 효과적이다.

2. 빛을 이용한 기기

1. 타이탄(titan)

① 타이탄은 물에만 흡수되는 1,100~1,800nm의 영역의 빛을 사용한다. 열에너지를 공급하여 진피의 콜라겐을 수축, 활성화하여 피부의 탄력을 증가시키는 효과가 있다. 열에너지를 가하는 동안에도 피부표면은 핸드피스의 contact cooling으로 보호되기 때문에 안전하다. 시술 후 리프팅 효과가 빠르게 나타나는 장점이 있으며 치료당일 세안 및 화장이 가능하여 일상생활을 할 수 있다.
② 타이탄 시술 후 I.P.L, botox, filler 등과 병행해서 사용해도 무리가 없다.

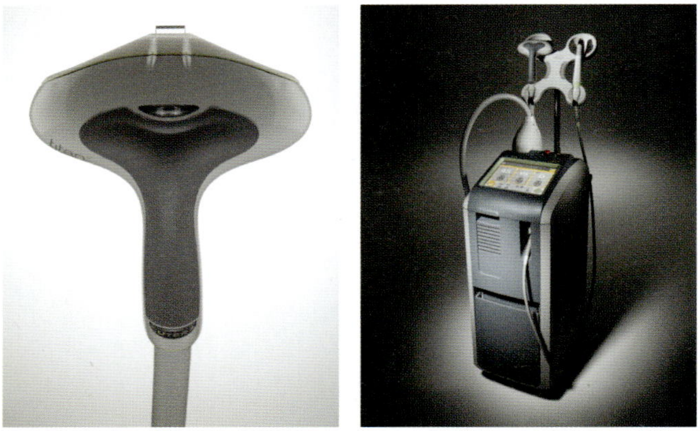

자료제공 : 함익병 피부과

그림 5-4 타이탄

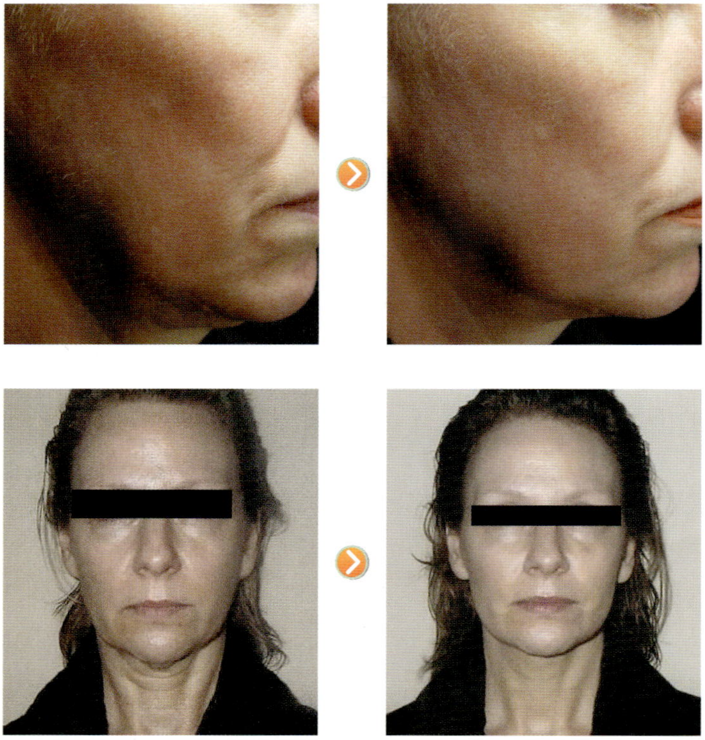

자료제공 : 함익병 피부과

그림 5-5 타이탄 시술 전과 후

[적응증]

이마나 눈가 잔주름, 눈꺼풀 처짐, 볼처짐, 목주름, 팔자주름

2. I.P.L

① I.P.L은 intense pulsed light의 약자이다. 515~1,200nm의 다양한 파장을 이용하여 단파장을 이용하는 레이저와는 차이점이 있다. 레이저는 치료하고자 하는 병소에 필요한 파장이 있지만 I.P.L은 다양한 파장을 동시에 선택하여 사용할 수 있어 색소침착, 모세혈관 확장 등 전혀 다른 형태의 질환을 동시에 치료할 수 있으나 문신, 오타모반, 점 등 조직의 깊은 곳에 발생한 색소질환에는 효과가 없을 수 있다.

치료 후에는 세수나 가벼운 샤워 및 화장은 가능하나, 사우나를 비롯해서 땀이 날 정도의 심한 운동 및 마사지는 피한다. 시술 후 약간의 홍반이 있을 수 있으나 1~2일 후면 사라진다.

② 남성의 경우 수염부위 치료 시 털이 부분적으로 빠질 수 있으며 색소부위는 1주일 정도 일시적으로 진해 보일 수 있다. 2~4주 간격으로 3회 정도 반복 시술 시 효과적이다.

[적응증]

기미 , 주근깨, 잔주름, 피부톤 개선, 안면홍조

Check Point

시술은 얼굴 전체를 하는 것을 원칙으로 하기 때문에 자외선 차단제는 반드시 사용해야 한다.

3. 고주파를 이용한 기기

고주파란 10만 Hz 이상의 주파수를 가진 것을 의미하나 치료효과를 주기 위해서는 30~50만 Hz의 주파수를 이용한다. 고주파 전류를 이용하여 심부의 온도를 상승시켜 조직의 온도상승, 혈액순환 촉진, 림프 배농 촉진, 지방조직 연화 등의 효과를 볼 수 있다. 또한 진피층을 자극하여 콜라겐 수축과 재생성을 촉진시켜 피부 탄력관리 및 리프팅 효과가 탁월하다.

1. 써마지(thermage)

• 써마지는 고주파를 이용해 강력한 열을 피부 깊숙이 침투시켜주는 치료법이다. 표피는 급속 냉각시켜 표피의 열손상을 줄이면서 진피층 온도만 순간적으로 45~50℃까지 도달하게 하여 노화된 콜라겐을 수축시켜 탄력을 회복시키고 새로운 콜라겐 생성을 유도한다. 피부 타입에 상관없이 시술이 가능하며 시술이 심하게 적용된 경우에 통증이 심할 수 있다.

[적응증]

얼굴주름, 피부탄력 감소, 피부톤이 어두울 때, 목주름, 늘어진 턱선

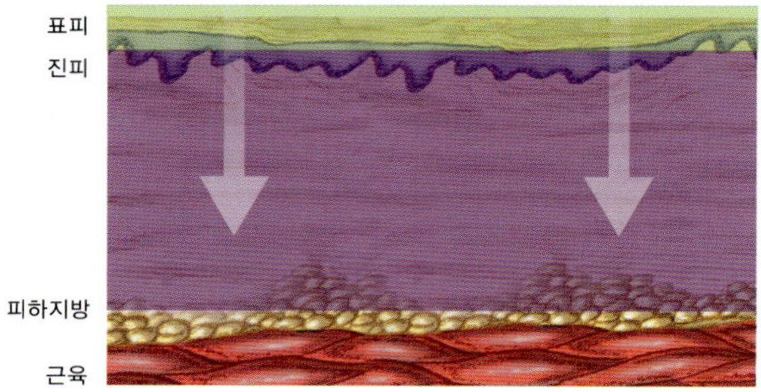

그림 5-6 열 공급

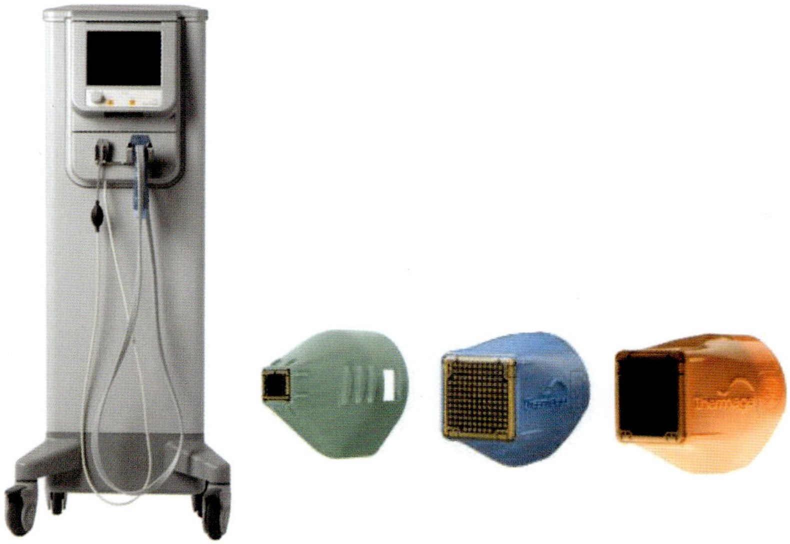

자료제공 : 엠디그린피부과

그림 5-7 써마지

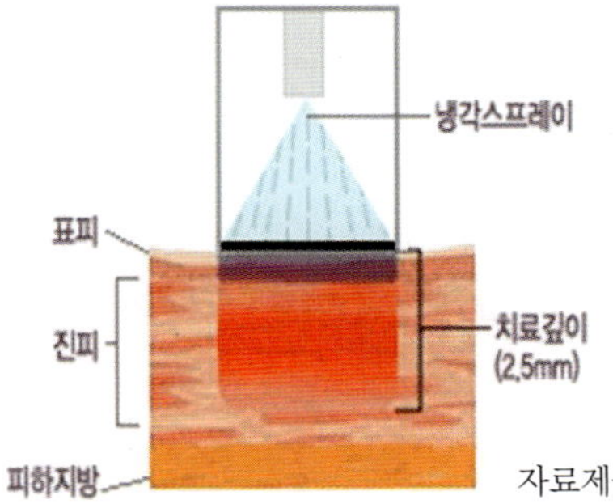

자료제공 : 엠디그린피부과

그림 5-8 써마지의 열공급 원리

자료제공 : 엠디그린피부과

그림 5-9 열공급으로 인해 변형된 콜라겐

2. 인피니(infini)

- 인피니는 미세한 마이크로침을 피부 속에 침투시켜 고주파로 섬유아 세포를 자극하여 콜라겐과 엘라스틴의 재생을 유도하는 치료법이다. 시술 후 색소침착의 위험이 적고 통증, 붓기가 적으며 홍조가 적게 나타나 세안이나 화장 등 일상생활에 지장이 없다.

[적응증]

피부탄력저하, 잔주름, 굵은주름, 여드름 흉터, 외상흉터, 피부톤 개선

3. 인트라셀(intracel)

- 인트라셀은 M.T.S와 고주파(RF)를 이용한 장비이다. M.T.S는 지정된 길이의 니들을 이용해 진피층까지 마이크로 채널을 만들어 피부를 재생시킨다. 인트라셀은 피부 진피층까지 니들을 침투시킨 후 고주파(RF)를 니들의 끝에서 조사시킨다. 피부바깥에서 고주파를 조사하는 장비에 비해 더 효과적이고 안전하다. 간혹 시술 후 여드름이 올라오는 경우가 있지만 며칠 뒤에는 자연스럽게 소실된다.

[적응증]

흉터 , 깊은 주름, 화농성 여드름

4. 초음파를 이용한 메디컬 스킨케어

초음파란 20KHz 이상의 진동수를 가진 음파로서, 가청 주파수보다 커서 사람의 청각을 통해 들을 수 없는 음파이다.

1. 체외 충격파 지방세포 파괴술

- 20KHz~1MHz 사이의 진동수를 가진 초음파를 이용해 지방세포막을 파괴시킨다. 음파의 주기적인 진동은 지방세포는 파괴시키지만 다른 조직의 손상은 일으키지 않으며, 또한 통증과 멍이 적어 비교적 빠른 시간 내에 일상생활을 할 수 있다.

  [적응증]

  복부, 옆구리, 허벅지 등 지방이 많은 부위

2. 하이프 나이프(hifu-knife) 안면 성형술

- 고강도 초음파를 이용한 최초의 성형 장비로써 피부를 절개하지 않고 안면 거상술을 하는 장비이다. 초음파장치로 시술부위를 보면서 초음파 에너지를 피부 표면 아래 3~4.5mm 깊이에 포커스를 맞추어 열에너지를 전달하면 1mm보다 작은 크기의 열응고 부위가 만들어진다.

  열 응고 부위는 열 반응으로 인해 피부의 탄력이 증가되고, 상처치유과정이 시작된다. 이 과정에서 섬유아세포가 자극을 받아 콜라겐과 엘라스틴이 합성된다.

  [적응증]

  주름, 흉터, 탄력이 저하된 곳

5. 그 밖의 기기 종류

1. 프락셀 레이저 (fraxel laser)

- 프락셀 레이저는 1cm^2 당 200~300개 정도의 미세한 구멍을 만들어 피부 속에 열을 침투시켜 주변의 건강한 세포들이 손상된 피부의 재생을 도와주어 피부의 탄력을 높여주는 레이저로써 분획 박피용 레이저 기기 중 가장 먼저 등장한 레이저이다.
  기존의 흉터치료는 CO_2 레이저와 어비움 야그 레이저를 이용한 레이저 박피술이었으나 통증이 심하고 회복기간이 길어서 흉터 전체를 깎는 것보다 일정면적의 크기로 분할하여 레이저를 조사함으로써 통증과 부작용을 줄여 보려는 시도에서 개발된 것이 프락셔널(fractional) 빔의 개념이다. 이러한 개념을 이용하여 어비움 글라스 1,550nm의 파장을 채택하여 만든 최초의 레이저이다.
  [적응증]
  여드름 흉터, 잔주름, 탄력이 떨어진 피부, 피부톤 개선

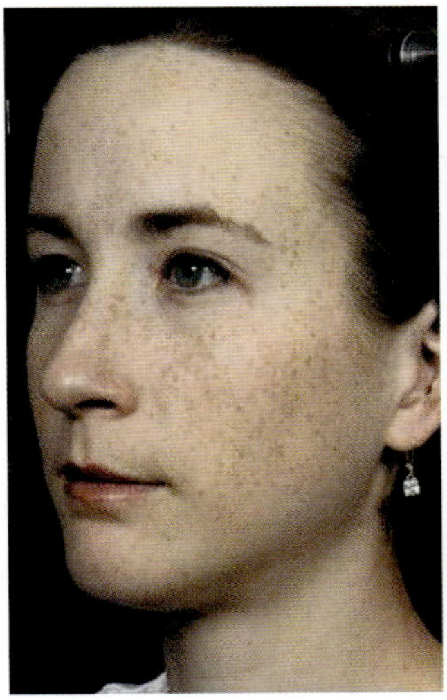

시술 전

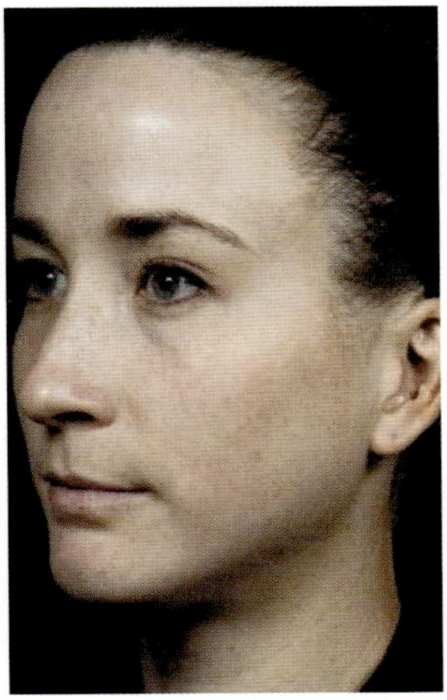

시술 후 2주(2회)

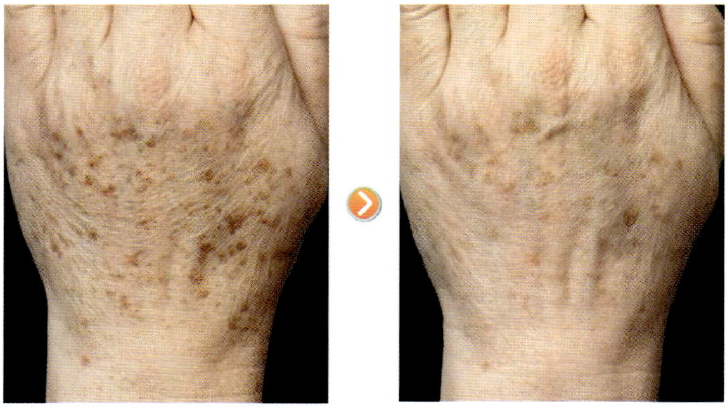

시술 전 시술 후 2주(2회)

자료제공 : 엠디그린피부과

그림 5-10 프락셀 레이저 시술 전과 후

2. 폴라리스(polaris)

- 폴라리스는 고주파(RF)와 900nm 다이오드(diode) 레이저를 동시에 이용하는 치료법이다. 두 에너지의 장점만을 이용해 더 높은 에너지를 진피층 깊숙이 전달해 줌으로써 효과적으로 콜라겐 생성을 촉진하여 피부탄력을 높여주고 잔주름을 개선시킨다.

[적응증] 잔주름, 피부의 탄력증가

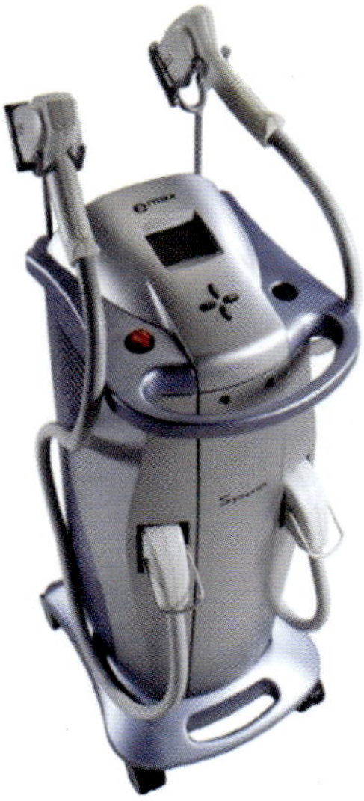

그림 5-11 폴라리스

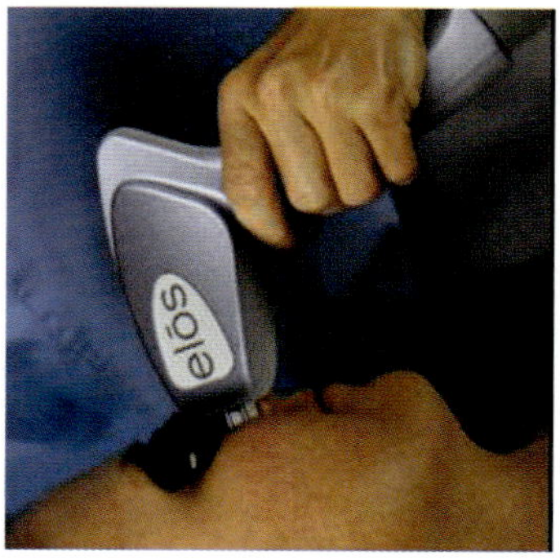

자료제공 : 엠디그린피부과

그림 5-12 폴라리스 시술 모습

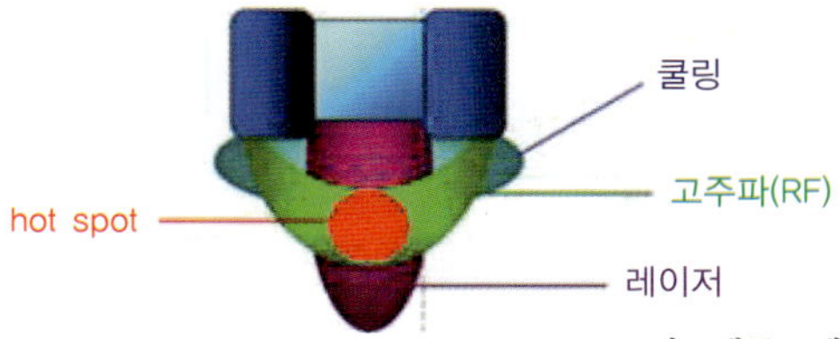

자료제공 : 엠디그린피부과

그림 5-13 폴라리스의 특징

3. 아포지 레이저 (apogee laser)

• 755nm의 파장을 이용한 긴 파장의 알렉산드라이트 레이저(long pulsed alexandrite laser)로써 멜라닌 색소가 풍부한 동양인의 털을 제거하는 데 적합하다. 진피에 존재하는 모낭의 멜라닌과 혈관에 선택적으로 흡수되어 정상적인 피부조직에 손상을 주지 않고 모낭만을 선택적으로 파괴하여 안전하게 영구 제모를 할 수 있다.

그림 5-14 아포지 레이저

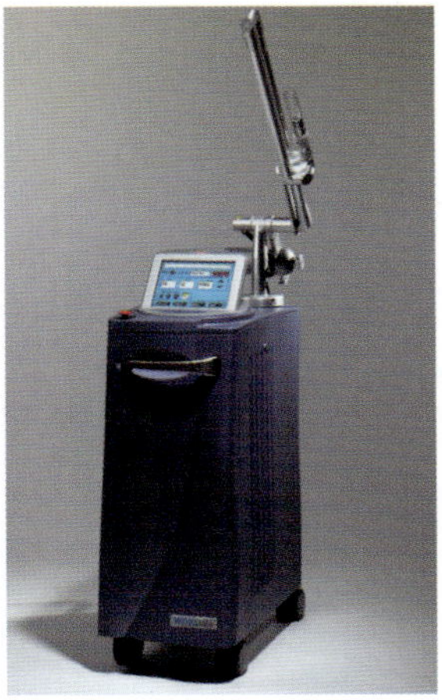

자료제공 : 함익병 피부과

그림 5-15 레블라이트

4. 레블라이트 (revlite)

• 레블라이트 레이저는 Q-switched Nd-YAG laser이다. 높은 에너지를 짧은 시간 동안 순간적으로 방출하여 주변조직에 손상을 입히지 않고 피부표피와 진피에 존재하는 색소를 파괴하는 광 충격파 작용을 통해 멜라닌 색소를 파괴시켜 인체 내부에서 흡수·배출시키는 작용을 통해 색소를 제거한다.

또한 1,064nm 파장의 레이저 빔은 진피 내 수분에 흡수되어 주변 콜라겐에 광열작용을 일으킴으로써 변성된 탄력 섬유와 콜라겐 섬유를 재생시켜 진피의 문제점도 해결해 주는 장비이다.

색소침착의 부작용이 적고 계절, 피부 타입, 피부색에 관계없이 시술이 가능하다.

[적응증]

기미, 잔주름, 넓은 모공, 피부 톤 개선

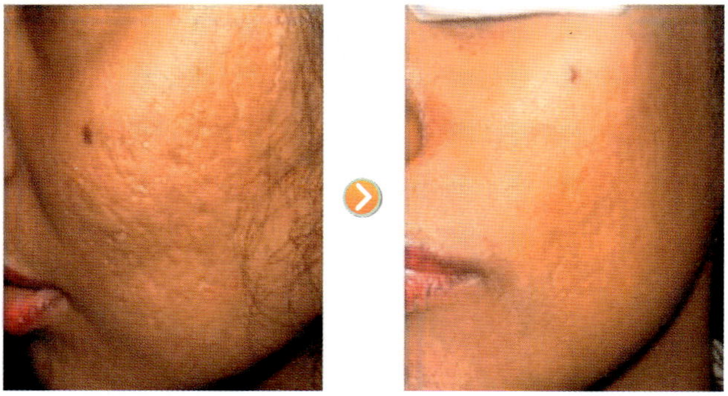

자료제공 : 함익병 피부과

그림 5-16 레블라이트 시술 전과 후

5. 스타 룩스(star lux) 1540XD

- 1,540nm의 파장을 쓰는 Er:glass 프락셔널 레이저(fractional laser)이다. 표피에 손상을 주지 않으며 진피 깊은 곳을 자극하여 건강한 조직이 손상된 조직의 재생을 도와 피부의 탄력을 증가시켜 주는 장비이다. 시술 후 딱지나 색소침착이 남지 않으며 부종, 홍반이 나타나지 않는다.

[적응증]

넓은 모공, 여드름 흉터, 수술흉터, 잔주름, 튼살, 피부결 개선

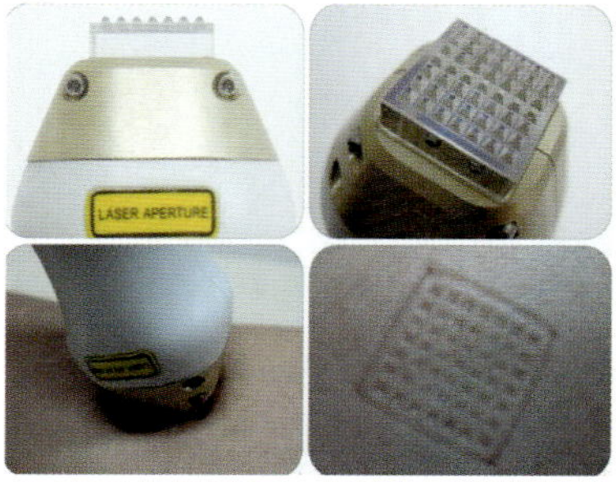

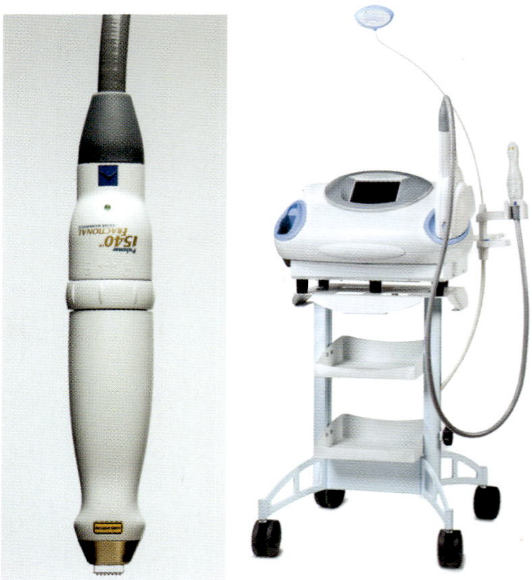

그림 5-17 스타 룩스

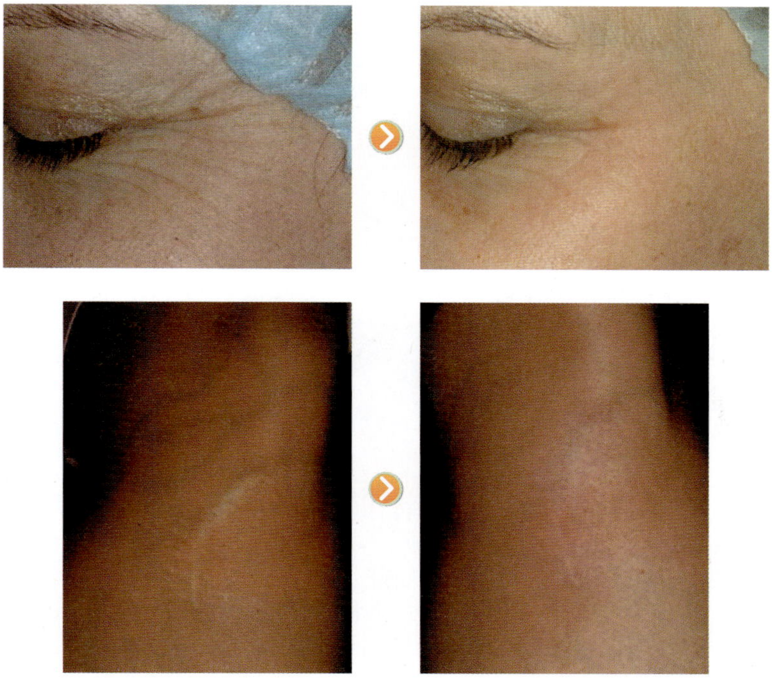

자료제공 : 함익병 피부과

그림 5-18 스타 룩스 시술 전과 후

6. 벤테이지 (vantage)

- 벤테이지는 1,064nm 파장을 사용하는 긴 파장의 엔디 야그 레이저(long pulsed Nd:YAG laser)이다. 혈관 부위의 에너지 집중도가 높아 얕은 혈관뿐 아니라 깊은 혈관까지 치료가 가능하다. 혈관이상증 치료 시 헤모글로빈을 목표로 하여 혈관벽에 열을 전달하여 응고시키고 제모할 경우 멜라닌을 목표로 하여 모근을 파괴하는 원리이다. 또한 콜라겐에 열을 가하여 탄력을 증진시켜 준다.

[적응증]

모세혈관 확장증, 홍조, 피부탄력 저하, 어두운 피부톤, 매끄럽지 않은 피부결, 제모

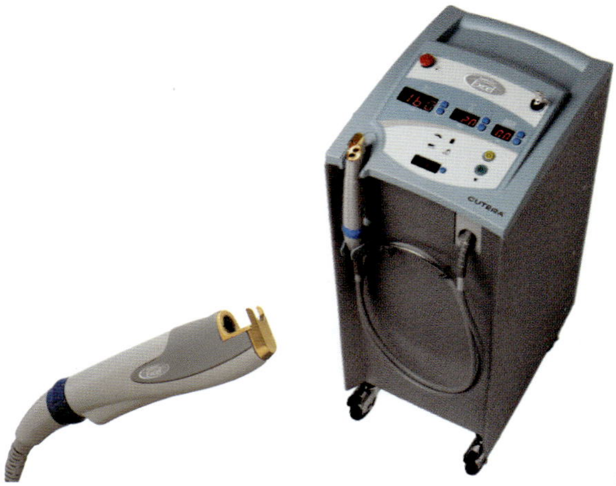

자료제공 : 이노메이드

그림 5-19 벤테이지

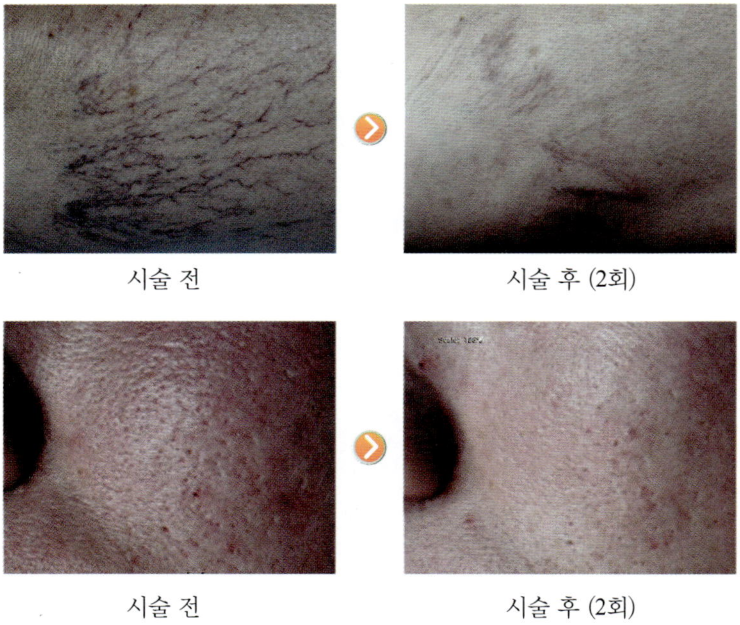

자료제공 : 이노메이드

그림 5-20 벤테이지 시술 전과 후

7. 테라 클리어(thera clear)

- 테라 클리어는 흡입과 빛을 이용하여 여드름을 치료하는 장비이다. 피부를 흡입하여 당겨서 모공을 막고 있는 피지와 각종 불순물을 제거시킨 다음 빛을 침투시켜 여드름을 제거하고, 피지선을 파괴시켜 여드름을 개선시킨다.
  FDA의 승인을 받은 여드름 치료전문장비이기도 하다.

[적응증]

여드름, 여드름으로 인한 색소침착, 넓어진 모공, 과다 피지분비, 피부결이 매끄럽지 않을 때

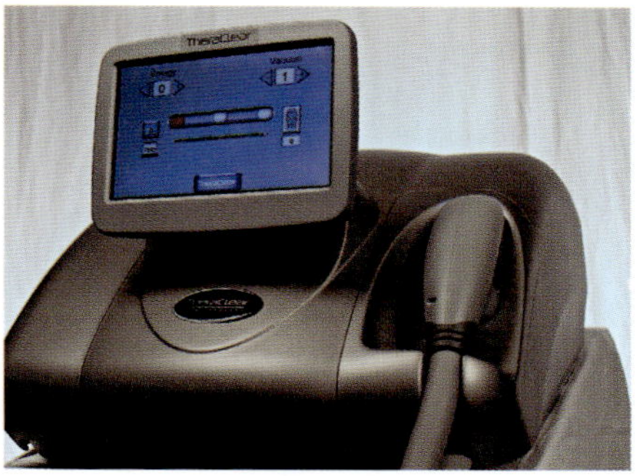

그림 5-21 테라 클리어

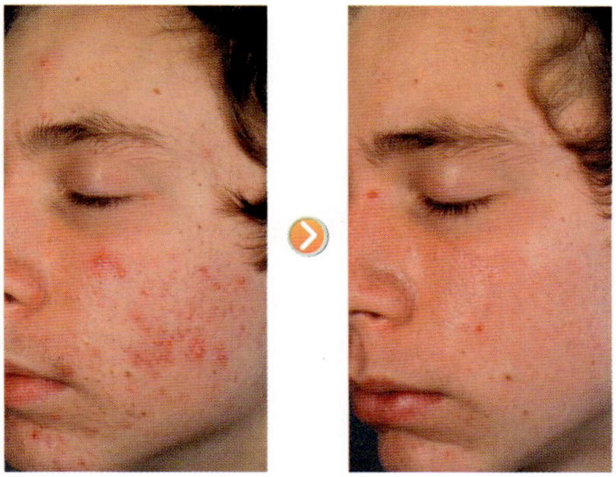

그림 5-22
테라 클리어 시술 전과 후

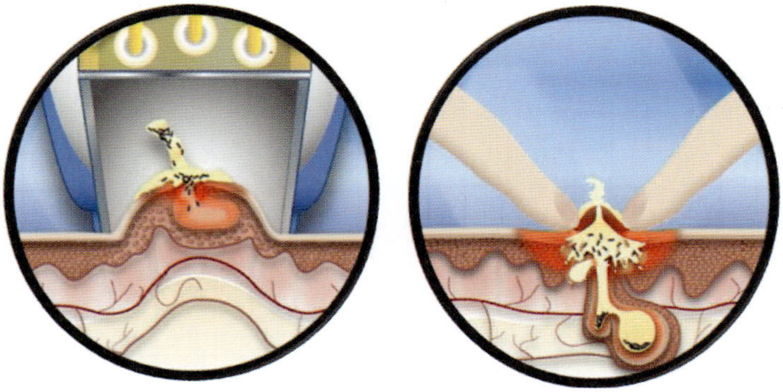

그림 5-23 테라 클리어를 이용한 압출법

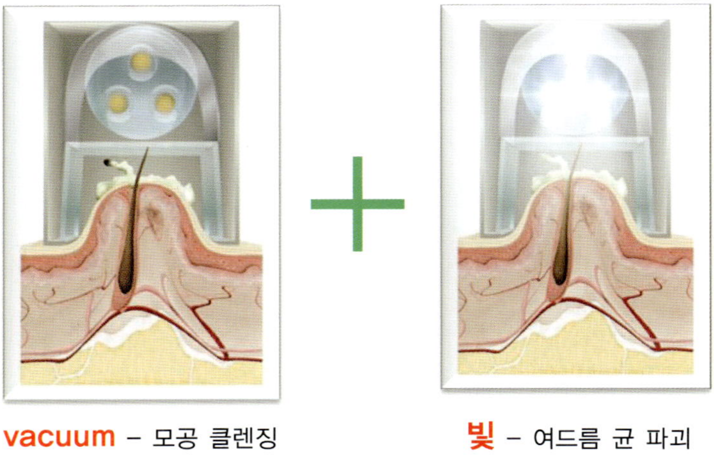

자료제공 : 이노메이드

그림 5-24 테라 클리어의 효과

8. 펄 레이저 (pearl laser)

- 펄 레이저는 2,790nm 파장의 YSGG(yttrium scandium gallium garnet) 레이저로서 박피 장비이다. CO_2 레이저와 어비움 야그(Er:YAG)레이저의 임상적 장점만 결합한 레이저로써 적당한 깊이의 피부를 깎아내고 적당한 부분을 응고시켜 지혈작용과 함께 적당한 에너지를 진피층에 전달하여 콜라겐이 재생되는 것을 도와준다.

  회복시간이 짧고 부작용이 적으며 전체적으로 에너지를 가하는 장비이다.

  시술 시기의 계절이나 날씨에 제한이 없다.

  [적응증]

  노화피부, 잡티, 여드름 흉터, 잔주름, 넓은 모공, 피부결이 매끄럽지 않을 때

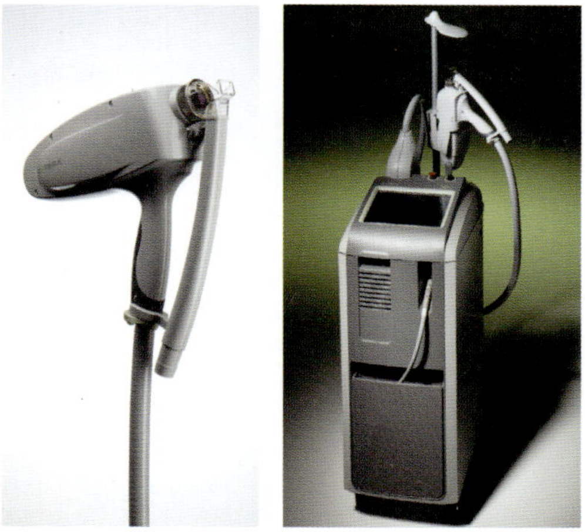

그림 5-25 펄 레이저

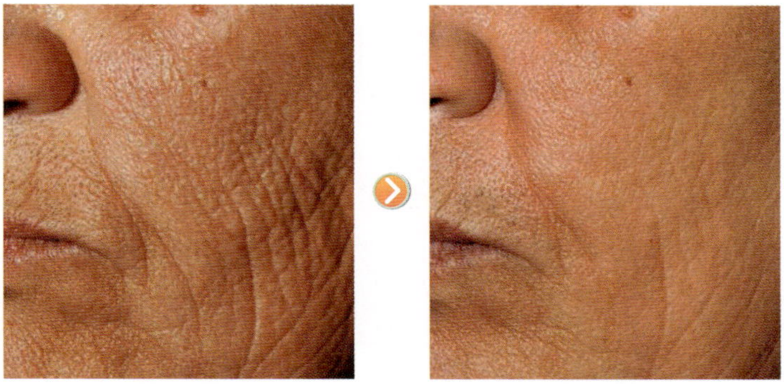

시술 전 시술 후 (6주 후)

자료제공 : 이노메이드

그림 5-26 펄 레이저 시술 전과 후

9. 프라미스 레이저 (promis laser)

- 프라미스 레이저는 785nm의 파장을 이용하는 장비이다. 세포의 생체 전위차를 발생시켜 세포 자극을 극대화하여 콜라겐과 엘라스틴의 생성을 촉진시켜 주는 동시에 히알루론산의 소멸도 막아준다.

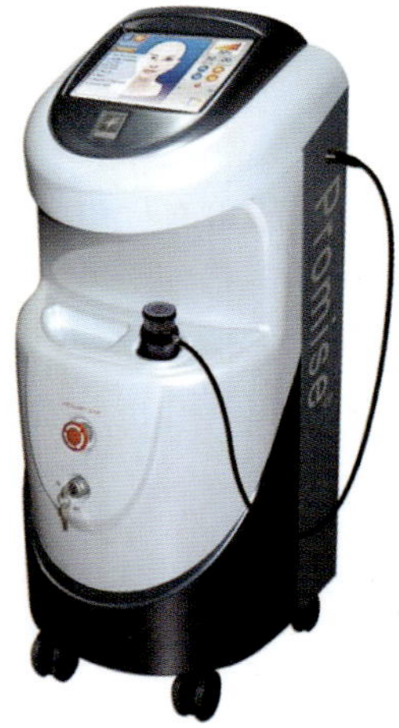

그림 5-27 프라미스

1차적으로 피부표면에 빛을 조사하여 세포에 자극을 준다. 2차적으로 히알루론산을 도포한 뒤에 빛을 조사하여 히알루론산의 침투를 증가시켜 피부탄력을 높여준다.

[적응증]

탄력이 떨어진 피부, 목주름, 얼굴주름, 손 주름, 늘어난 모공

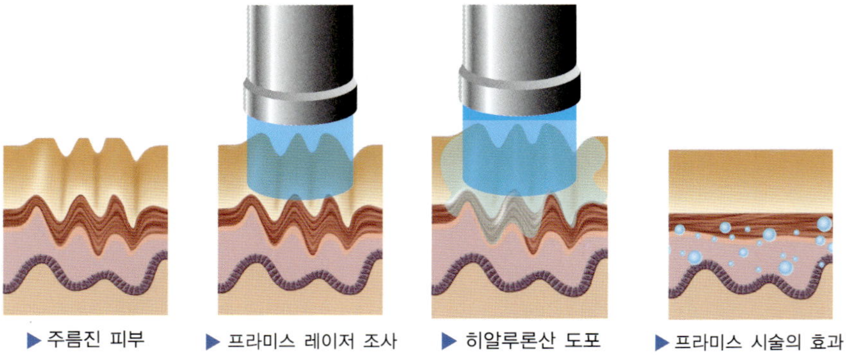

그림 5-28 프라미스 시술 과정

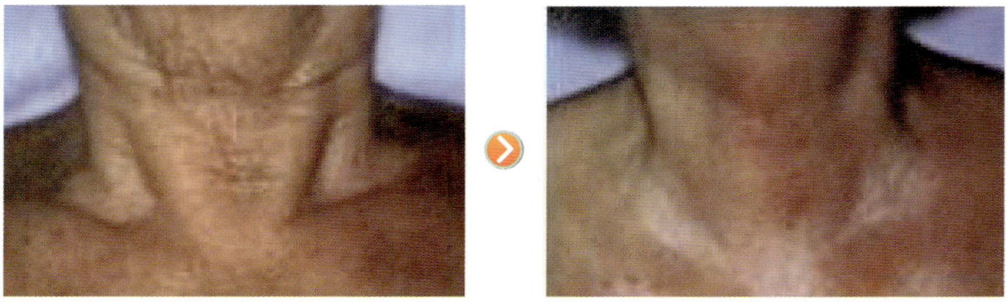

자료제공 : G.B MG

그림 5-29 피라미스 시술 전과 후

10. 3 뎁스 레이저 (3 depth laser)

- 3 뎁스 레이저는 고주파파장 변환 기능으로 열 침투 깊이를 조절한다. 콜라겐 재생의 이상조건인 진피에 50~60℃ 온도를 도달하게 하여 빠르게 콜라겐을 수축시키는 방법으로 열 손실없이 원하는 피부층에 선택적으로 에너지를 전달하여 효과를 높여주는 장비이다.

그리고 특정부위를 단계별로 선택하여 피하지방과 내장지방을 빠르게 용해시키는 시스템도 겸하고 있다. 지방세포의 조직온도를 최대 42~45℃까지 증가시켜 지방을 선택적으로 융해시킨다. 3 뎁스 레이저 장비를 이용하여 얼굴과 몸매 관리를 동시에 할 수 있다.

[적응증]

피부탄력이 저하된 곳 (얼굴 , 몸), 체지방 분해, 눈가 잔주름, 눈가 처짐

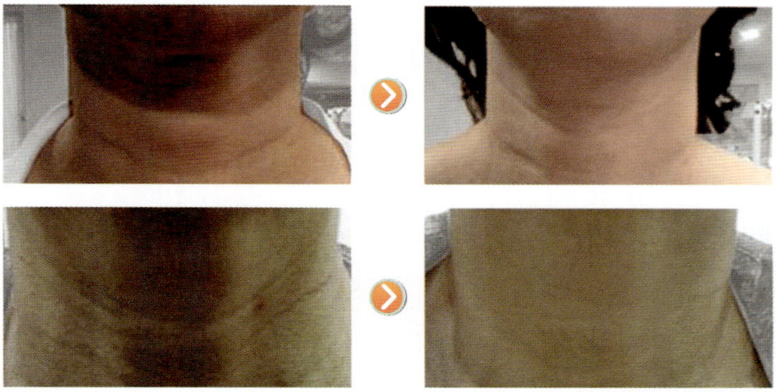

자료제공 : G.B MG

그림 5-30 뎁스 레이저(depth laser) 시술 전과 후

11. 아콜레이드 레이저 (accolade laser)

- 아콜레이드 레이저는 큐-스위치(Q-switch) 알렉산드라이트 레이저의 단점을 보완하고 장점을 강화시킨 색소 레이저이다. 높은 에너지의 빛이 표피층과 진피층의 멜라닌을 선택적으로 파괴시킴으로써 재발하기 쉬운 기미 및 잡티, 오타모반 등의 색소성 병변에 치료효과가 높으며 스킨 화이트닝 효과도 좋다. 미국 FDA와 국내 KFDA의 승인을 받은 장비이다.

[적응증]

기미, 주근깨, 잡티, 오타모반

12. VLS 레이저

- VLS 레이저는 585nm 파장의 빛을 발산한다. 정상피부에는 손상을 주지않고 혈색소에만 흡수되는 레이저 파장을 방출하기 때문에 늘어난 혈관만을 선택적으로 파괴하여 안면홍조, 모세혈관 확장증 등 혈관 질환을 안전하게 치료한다. 시술 후 보랏빛 자국이 남게 되는데 이는 늘어난 혈관에 과도하게 몰려 있는 혈색소가 파괴되기 때문에 나타나는 현상으로 7~10일 정도 지나면 사라진다. 수포가 생긴 경우에도 터트리지 않고 내원해서 치료받아야 한다.

  [적응증]

  여드름, 붉은 자국, 안면홍조, 주사, 모세혈관 확장증

13. 클리어 라이트 (clear light)

- 클리어 라이트는 407~420nm의 빛을 조사하는 장비로 여드름 치료에 이용된다. 여드름의 주요 원인균인 P.acnes가 생산하는 주요 포르피린은 coproporphyrine III형이다. P.acnes가 생산한 포르피린에 빛을 조사하면 산소가 발생하여 P.acnes를 사멸시키고, 흡수파장은 415nm일 때 최고이다.

  415nm의 빛은 청색광선이라서 청색광선 요법(blue light theraphy)이라 하며 광역동 요법(photodynamic therphy, P.D.T)이라 하기도 한다.

  [적응증]

  구진형 여드름, 결절형 여드름

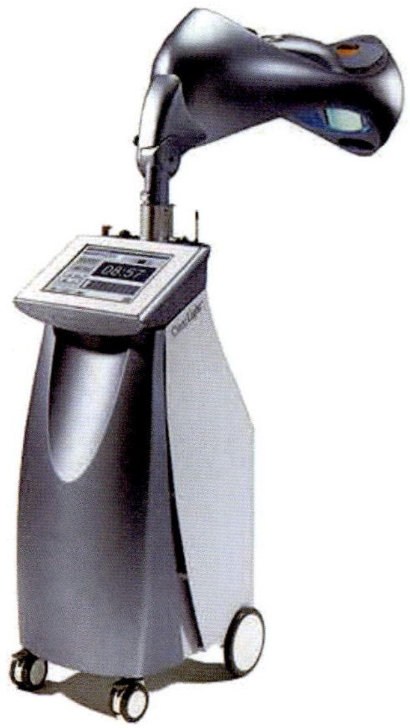

그림 5-31 클리어 라이트

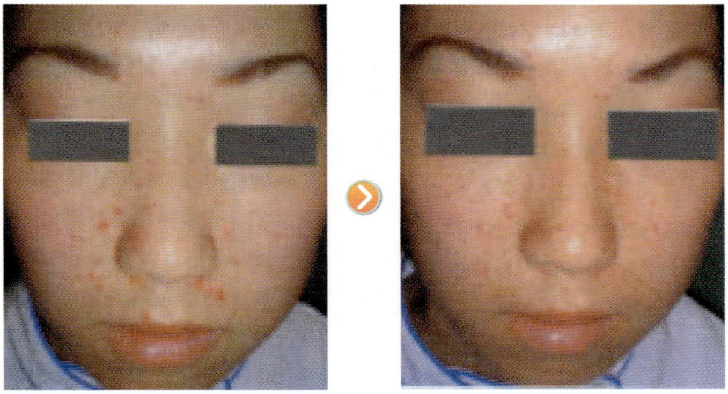

그림 5-32 클리어 라이트 시술 전과 후

14. 쿨-터치 레이저 (cool touch laser)

- 쿨 터치 레이저는 1,320nm의 빛을 조사하며 레이저에 새로운 냉각 시스템을 이용하여 표피에 손상을 주지 않고 주름이나 흉터 등을 치료하는 장비이다. 쿨 터치 레이저는 순간적으로 표피를 차갑게 하면서 진피에만 에너지를 전달하여 콜라겐의 합성을 유도한다.

[적응증]

주름, 여드름 흉터

15. 바이옵트론 (bioptron)

- 바이옵트론은 편광을 이용하여 상처치유나 통증 감소에 사용되는 기기로서 레이저를 이용한 기기는 아니다. 바이옵트론은 손상된 세포막을 정상화하고 세포재생을 유도하여 상처의 회복을 빠르게 한다. 적용증이 넓으며 사용이 간단하다.

[적응증]

관절염, 근육염, 통증, 부종

16. E-Max 리펌

- E-Max 리펌은 고주파(RF)와 적외선(IR)이 동시에 나오는 elos(electrooptical synergy)기술을 이용하는 장비이다.

적외선이 표피층에 열을 전달해 주는 동안 고주파와 진피 4mm까지 열을 공급하여 콜라겐 생성의 촉진을 유도함으로써 효과적인 주름 치료를 할 수 있는 장비이다.

[적응증] 탄력이 저하된 곳, 주름

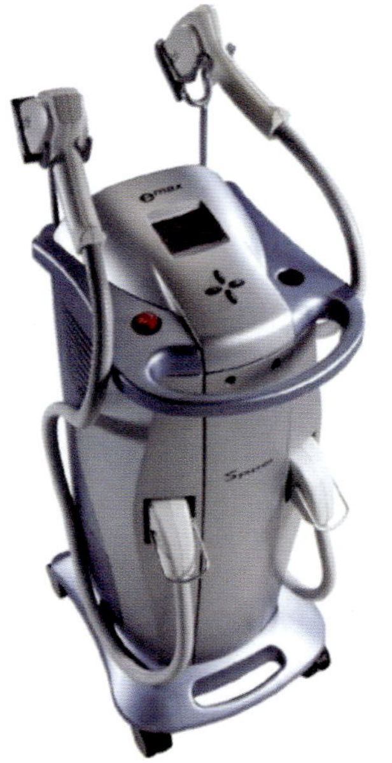

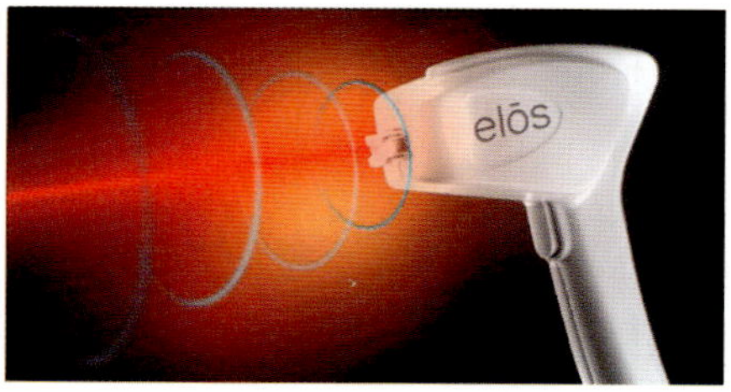

자료제공 : 엠디그린피부과

그림 5-33 E-Max 리펌

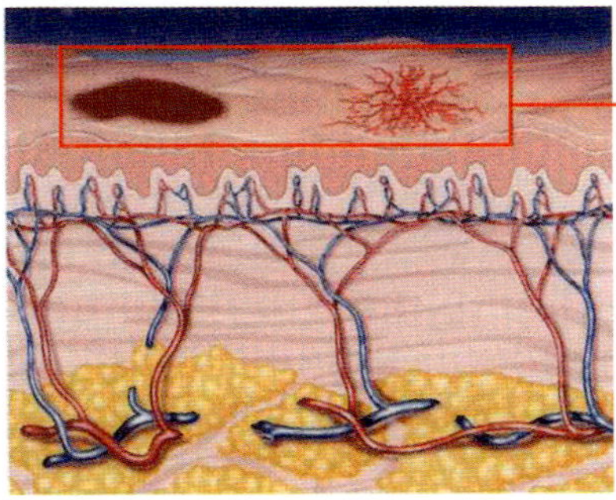

혈관 질환, 색소질환이 각각 존재하고 있으며 이들은 별개의 파장의 빛으로 치료된다

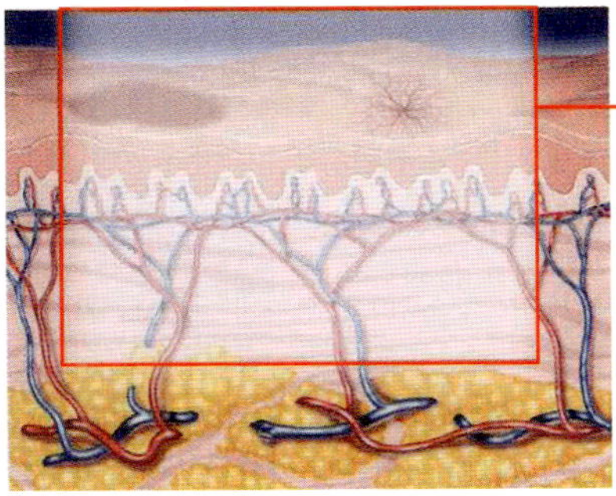

각 타겟에 IPL 빛 에너지가 흡수되며 이때 주변 조직에 손상은 없다.

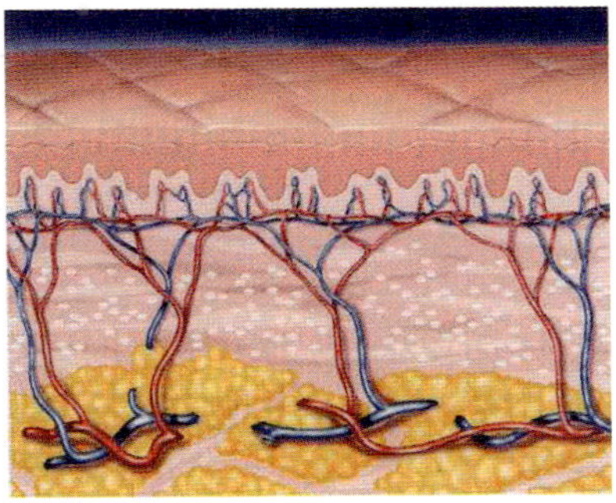

IPL 빛이 흡수된 타켓은 소입자로 파괴되어 인체 내로 흡수되어 소멸한다. 이때 주변 조직의 손상은 없으며 치료 후 시술 부위가 부드러워진다.

그림 5-34 루메니스 원 원리

17. 루메니스 원 (lumenis one)

- 루메니스 원은 기존의 IPL에 새로운 개념인 O.P.T(optimal pulsed technology)방식을 사용하여 깊은 부위를 치료할 때도 균일하고 정확한 에너지가 병변까지 효과적으로 전달되어 적은 에너지로 통증없이 시술이 가능하다. 시술 후 일상생활이 가능하고 세안, 화장이 가능한 방식이기도 하다.

[적응증]

안면홍조, 모세혈관 확장증, 기미, 주근깨, 잡티, 등의 색소질환, 제모

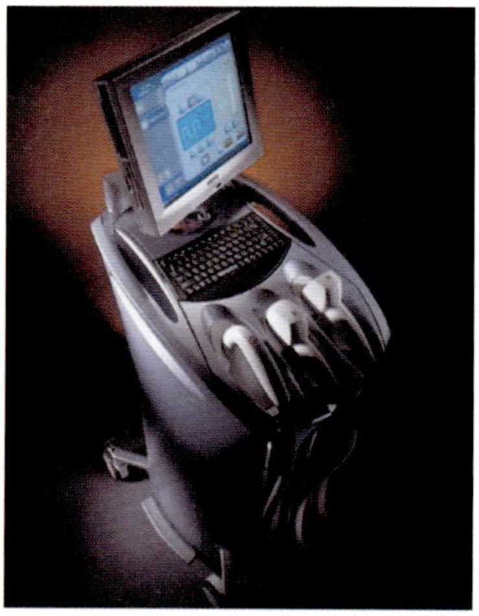

자료제공 : 이노메이드

그림 5-35 루메니스 원

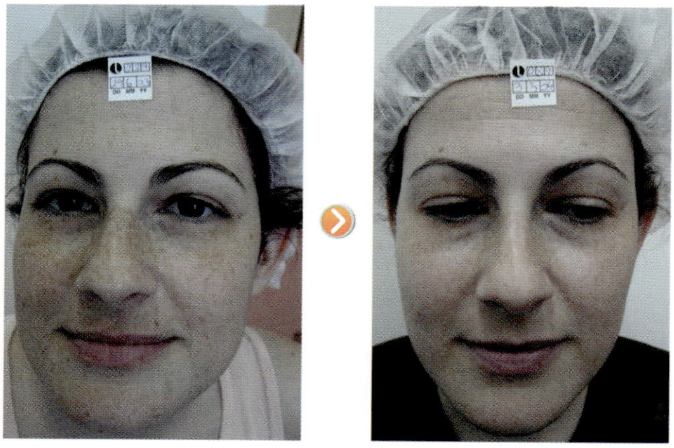

자료제공 : 이노메이드

그림 5-36 루메니스 원 사용 전과 후

Chapter 6

탈모와 그 치료

Chapter 6

탈모와 그 치료

1. 탈모의 유형

탈모는 크게 여성탈모, 남성탈모, 지성탈모, 원형탈모 등으로 나뉜다.

1. 여성탈모

가운데 가르마를 기준으로 하여 모발이 점차적으로 가늘어지고, 밀도가 낮아지면서 발생하는 탈모 증상으로 본인이 알아차리기 힘들다. 특정한 모양을 형성하면서 가속화하는 남성탈모와는 다르게 전체적으로 숱이 헐거워지면서 두피가 드러나는 형태로 진행되기 때문에 정확한 탈모진단이 필요하다.

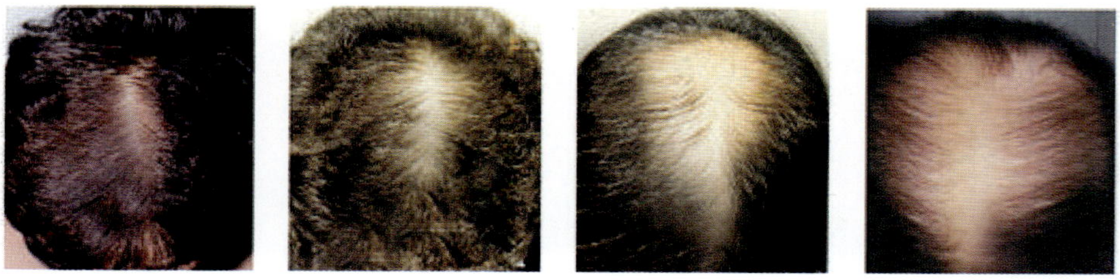

I　　　II　　　III　　　IV

그림 6-1　여성형 탈모 (Female Pattern Baldness : FPB)

(1) 여성탈모의 원인

노화, 유전, 잘못된 식습관, 스트레스 등이 있으며 여성만의 특징적 원인으로는 임신, 출산, 월경과 같은 생리적 특성으로 인한 혈의 손실 및 호르몬의 변화, 잦은 다이어트로 인한 영양 불균형, 피임약, 생리지연제, 우울증 약물에 의한 호르몬의 변조, 잦은 스타일링(퍼머, 염색)으로 인한 모발 손상, 스트레스의 신체적 반응에 대한 반응 등이 있다.

[현대 여성의 탈모 요인]

- 피임약 남용
- 스트레스 가중
- 심한 다이어트
- 항우울제, 항생제의 장기 복용
- 잦은 염색, 퍼머, 출산

(2) 여성탈모의 유형

① 스트레스성 탈모

감정 변화를 적절히 관리하지 못해 나타나는 정서적인 문제가 신체에 영향을 미침으로써 나타나는 형태의 탈모인데, 남성에 비해 다양하고 섬세한 감정을 가지고 있는 여성이 스트레스에 더욱 민감하게 반응하여 나타날 수 있다.

② 다이어트 탈모

무리한 다이어트로 인해 발생하는 영양의 불균형이 원인이 되어 발생하는 탈모로, 외모에 관심이 많은 20~30대 여성에게서 주로 발생한다.

③ 산후 탈모

출산이라는 특수한 상황에 따른 호르몬 변화가 원인으로 분만 후 휴지기의 모발들이 탈락되면서 심각한 외관상의 변화를 동반하는 탈모로 산후 6월 정도까지는 회복된다.

④ 갱년기 탈모

폐경 이후 2~3년 간의 갱년기 시기에 찾아오는 탈모증상으로, 갱년기 증후군과 더불어 같이 나타나는데, 갱년기 증상은 후유증을 남기지 않으나 갱년기 탈모는 치료시기를 놓치면 자연 회복되지 않고 노화가 진행되면서 탈모가 더욱 가속화된다.

기타 탈모로는 체내 남성 호르몬 비율의 증가로 인한 여성의 남성형 탈모증과 파마, 염색과 같은 잦은 스타일링을 통한 미용탈모 등이 있다.

2. 남성탈모

사춘기 이후 남성 호르몬이 활발하게 분비되어 모발이 가늘어지고 숱이 줄어들면서 외관상의 변화를 동반하게 되는 탈모증을 말한다.

후두부나 측두부의 모발은 빠지지 않고 남아 있으며 헤어라인과 정수리의 모발은 탈락하기 시작하면 뚜렷한 모양을 형성하여 탈락이 진행된다.

남성탈모는 심한 스트레스와 자신감 상실 등의 문제로까지 연결될 수 있어 조기 치료를 시행하는 것이 좋다.

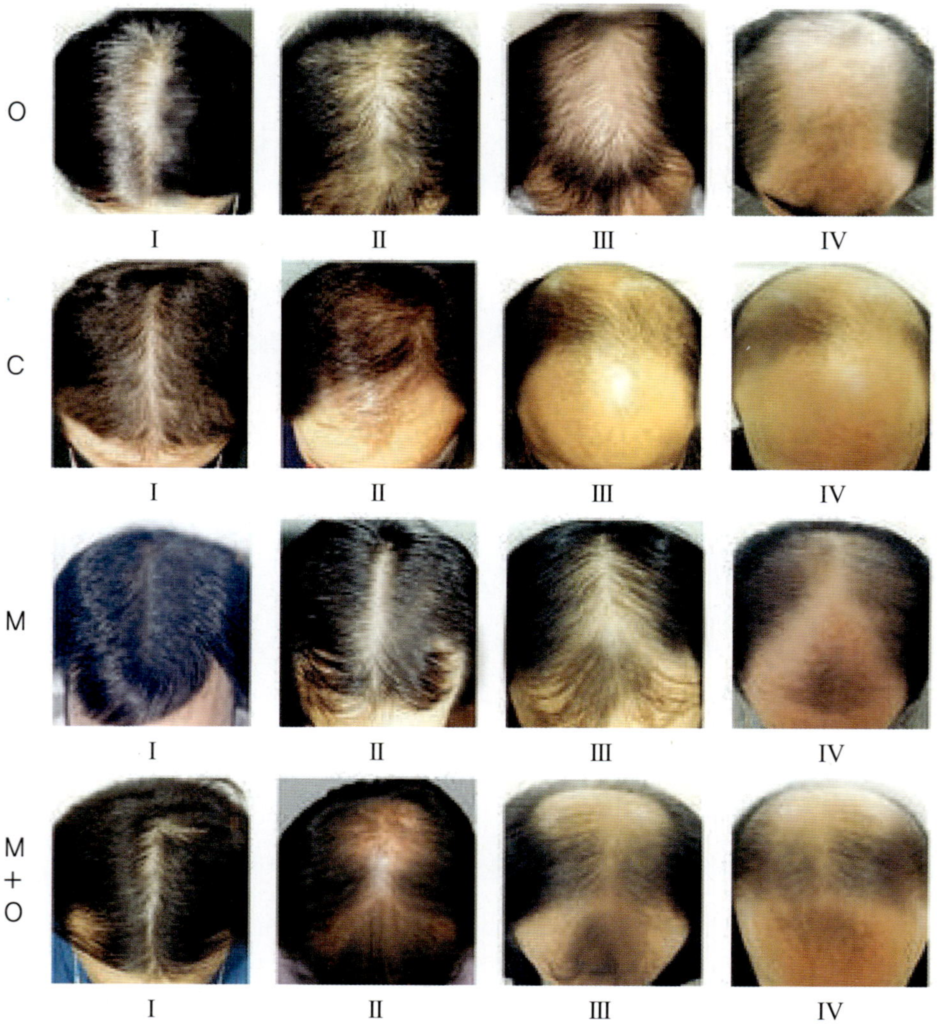

그림 6-2 남성형 탈모 (Male Pattern Alopecia : MPA)

(1) 남성탈모의 원인

남성탈모는 유전적인 요인이 많이 작용하지만 올바른 식생활 습관과 조기 관리를 통해 예방과 개선이 가능하다. 남성 호르몬은 성호르몬인 테스토스테론이 DHT(디하이드로 테스토스테론)라는 물질로 변성되면서 발생한다고 알려져 있다. DHT는 고농도의 남성 호르몬으로서 모발의 성장기간을 단축시키고 힘없고 가는 모발을 증가시킴으로써 탈모를 촉진하게 한다.

(2) 남성탈모의 유형

① M자형 탈모 : 헤어라인 쪽이 알파벳 M자의 형태로 탈락하는 탈모유형으로 외관상의 변화가 뚜렷하다.

② O자형 탈모 : 정수리 부근의 모발이 알파벳 O자의 형태로 동그랗게 탈락되기 시작하는 탈모유형이다.

③ U자형 탈모 : 헤어라인과 정수리 부근의 모발이 U자의 형태로 탈락하는 탈모로, 초기에는 앞이마가 넓어 보이는 정도로만 탈모가 진행되다가 점차적으로 헤어라인부터 정수리까지 모두 탈락하게 되는 형태의 탈모 유형이다.

④ 복합형 탈모 : 어느 한 곳에서만 탈모가 진행되는 것이 아니라 두 군데 이상의 부위에서 복합적으로 탈모가 진행되는 유형이다.

3. 지루성 탈모

피지선에 문제가 생겨 피지의 분비량이 비정상적으로 증가하고, 증가한 피지가 두피 내 모공을 막아 두피의 영양공급 및 순환 기능이 저하되어 지루성 두피나 두피염이 지속되어 발생하는 탈모증상이다.

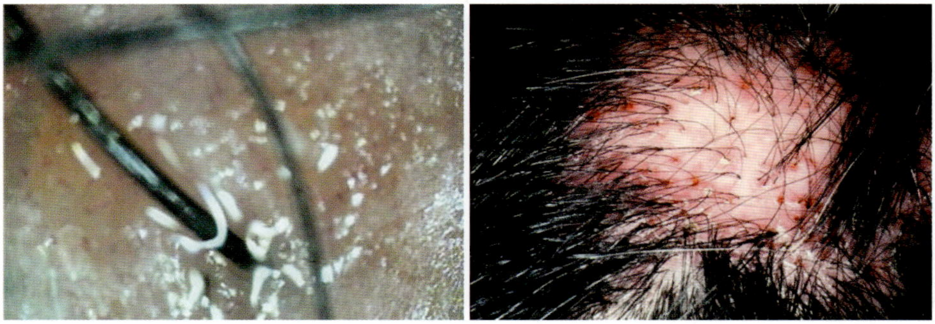

그림 6-3 지루성 탈모

두피가 붉고 염증을 보이며 비듬이나 각질이 동반되면서 가려움증이 발생하는 지루성 두피염이 원인이 되어 발생하며, 심한 경우에는 불청결한 두피로 인해 심한 두피 통증과 악취를 동반할 수 있다. 한번 진행되면 일반 탈모에 비해 그 진행 속도가 매우 빠르지만, 지루성 두피염 증상이 치료되면 자연스럽게 탈모증상도 함께 호전되는 특징을 가진다.

4. 원형탈모

인체의 면역 시스템에 혼란이 생겨 몸의 건강한 조직이나 세포들을 적으로 인식하여 자기 자신을 공격하는 자가면역질환의 일종으로 원형 또는 타원형의 탈모반을 특징으로 하며, 눈썹 탈모의 단발성에서 전신탈모의 다발성까지 다양한 증상으로 진행된다. 스스로 성장기의 모낭을 공격하고 국소적인 염증을 유발하여 건강한 모발을 탈락시키고 새로운 모발의 성장을 방해한다. 과도한 스트레스, 급작스런 외부 환경의 변화, 호르몬의 불균형, 약물, 전신질환 등의 요인이 면역체계의 혼란 상태로 이어져 발생하게 된다.

(1) 원형탈모의 유형

① 단발성 원형탈모

탈모반이 한 부위에만 발병한 형태로 초기 발병의 경우 30%는 자연치유 된다고 알려져 있으나 귀 뒤쪽이나 후두부위에 발병하거나 탈모반의 크기가 점차 커지는 형태로 진행되는 경우에는 치료가 힘들다.

② 다발성 원형탈모

단발성으로 발생한 원형탈모반이 두 부위 이상 서로 융합되면서 진행되는 형태로 탈모반의 개수가 많고 부위가 넓을수록 자연 치료가 어렵고 치료 기간이 길어질 수 있다.

③ 사행성 원형탈모

한쪽 귀 부위를 중심으로 시작한 탈모반이 머리의 옆과 뒤를 따라 다른 쪽 귀로 이어지는 탈모로 뒤에서 보면 뱀이 기어가는 듯한 느낌을 준다고 하여 사행성 원형탈모라고 불린다.

④ 망상형 원형탈모

크기가 작고 뚜렷한 모양을 가지는 탈모반이 여기저기 흩어져 있는 형태로, 멀리서 보면 그물을 펼쳐 놓은 듯 보인다고 하여 망상형 탈모라고 불린다.

⑤ 미만성 원형탈모

특정한 형태 없이 두피 전체에서 동시다발적으로 탈모가 진행되면서 모발이 듬성듬성 남아 있는 형태로 오랜 시간 진행된 휴지기성 탈모와 비슷한 형태로 나타날 수 있어 정확한 검사와 진단이 필요하다.

⑥ 전두 탈모

두피 전체에 모발이 모두 탈락하며 진행되는 형태로, 전체 원형탈모 환자의 8% 정도가 전두 탈모로 진행되며, 이 중 30%는 과거 발생한 원형탈모가 재발하면서 심화된 경우로 알려져 있다.

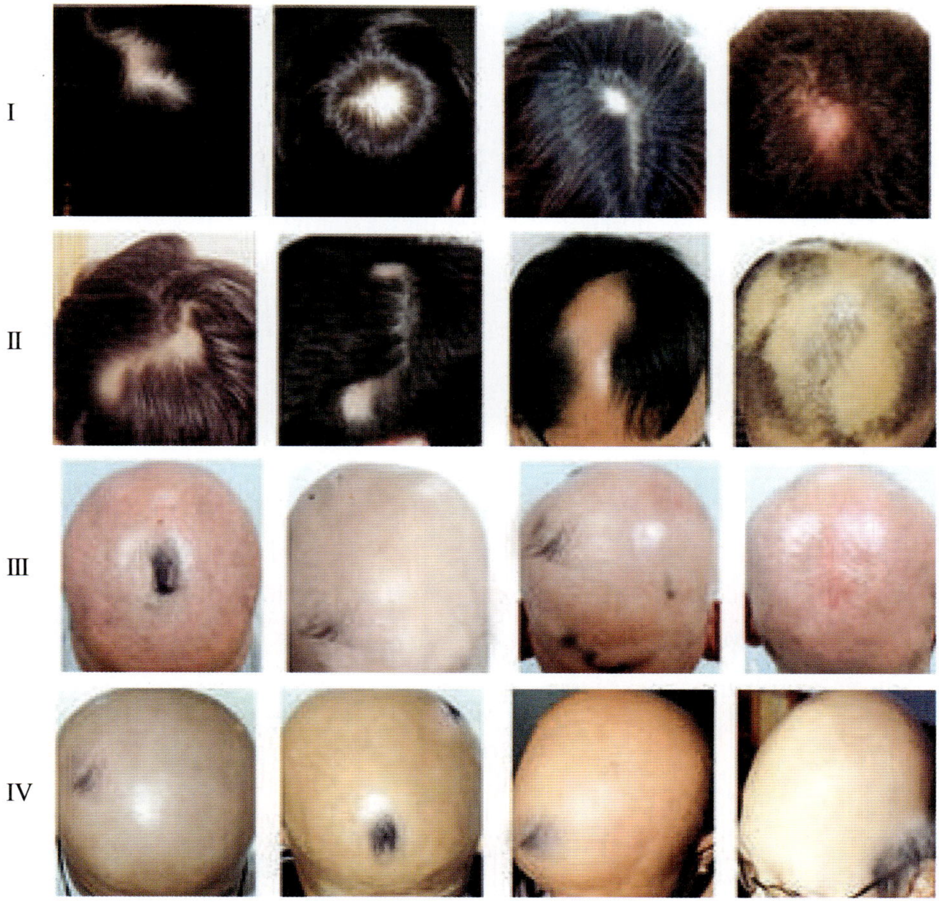

그림 6-4 원형탈모 (Alopecia Areata : AA)

2. 탈모증의 메디컬 치료

탈모증 치료제로 가장 많이 사용되는 의약품으로는 미녹시딜(minoxidil)과 피나스테라이드(finasteride)가 있다.

1. 약물치료

(1) 미녹시딜 (혈관 확장제, 혈압 강하제로 개발)

미녹시딜은 고혈압 환자에게 사용하던 중 이마나 손등에 발모가 되는 것을 계기로 독두(bald) 치료제로 개발된 약제이다. 이는 두개 피부 도포용으로 남성형 탈모증에 사용되며 원래는 고혈압 치료제로 개발된 약물이다. 작용기전은 알려져 있지 않으나 조직이나 혈액 내 임파구와 모낭 각질형성세포에 영향을 주는 것으로 예측된다. 초기에는 남성에게만 사용하였으나 최근에는 2~3% 정도로 여성에게도 사용하고 있다.

(2) 피나스테라이드 (프로페시아)

피나스테라이드는 남성형 탈모증과 전립성 비대증을 치료하는 약제성분명이다. 원래 양성 전립선 비대증을 치료하기 위해 개발되었으나 연구 과정에서 모발의 성장을 촉진시킬 수 있다는 점이 밝혀지면서 탈모 치료제로 쓰이게 되었다. 단, 복용 남성의 약 2%에서 성욕 감퇴 증상이 나타났으나 복용 중단 시 성욕은 복구된다. 피나스테라이드는 호르몬에 관여하는 부분이기 때문에 호르몬의 변화가 거의 없는 18세 이후에서부터 40세 미만에게 더 효과적이다.

(3) 소팔메토

허브로서 프로페시아와 마찬가지로 전립선에 효과적이나 탈모에 관해 발표된 것은 없지만 테스토스테론으로부터 고농도 남성 호르몬(DHT) 생성을 감소시켜 준다.

2. 메조테라피(Meso Therapie)

탈모에 효과적인 여러 가지 약물을 소량씩 섞어서 두피에 주입하여 직접 약물이 모낭에 작용하도록 한다. 약물치료와 메조테라피를 같이 시행하면 좀 더 효과적이다. 심하게 탈모가 된 경우에는 큰 효과가 없지만 두피에 혈액순환을 촉진시키고 영양공급을 시켜 주기 때문에 모발의 생성을 촉진시켜 주는 효과가 있다.

4~6회 정도 시술하면 탈모가 멈추고 2~4개월 후에는 모발이 굵어지고 모발이 자라나는 것이 보인다.

3. 모발이식

탈모가 많이 진행된 상태에는 자가모발이식술이 가장 적절하다.

남성호르몬의 영향을 받지 않는 뒷모발을 이용하여 탈모가 일어난 부위에 이식을 하는 방법으로 여러 가지 식모술이 있지만 현재로는 최영철 원장이 개발한 최식 식모기가 가장 많이 사용되고 있다. 최식 식모기는 피부조직의 손상을 최소화하였으며 이식 후 머리가 매우 자연스럽다.

[수술 후 주의할 점]

① 2주 정도 두피를 문지르거나 긁지 않는다.

② 머리감기는 2주 후에 실시한다.

③ 봉합한 실은 10일 정도 지난 후 제거한다.

④ 심은 모발은 3주가 지나면 빠지기 시작하는데, 이때는 모간만 제거된다.

⑤ 빠진 머리는 6개월 이전에 다시 나온다.

⑥ 이때 나오는 머리카락이 영구적으로 이식한 머리카락이다.

⑦ 이식한 부위에 모낭염이 생길 수 있으니 주의해야 한다.

4. 트리트먼트

두피 유형에 따라 두피관리를 시행한다.

1. 상 담

고객과의 첫 만남으로 이루어지며 고객관리 카드를 작성하는 과정이다. 두피, 모발과 관련된 생활 패턴이나 건강상태 등의 정보를 상담한다. 정확한 원인을 알기 위해 두피·모발 전문가와 1:1 상담을 한다.

2. 진 단

진단기기를 이용해 정확한 진단을 함과 동시에 고객에게 진단결과를 모니터링하면서 설명해 준다.

3. 관리 프로그램 선택

두피의 유형에 맞게 적절한 매뉴얼을 선택한다.

4. 두피 마사지 준비단계

관리시작 전의 긴장 완화 또는 고객 심리를 안정시키기 위한 단계로 편안한 분위기나 자세를 위해 아로마 요법 또는 심리적 요법인 음악 등을 이용해 효과를 증대시켜 준다.

5. 헤어 브러싱

두피에 가해지는 상처를 최소화하기 위해 끝이 둥근 천연 소재의 빗으로 브러싱을 한다.

6. 두피 스케일링

두피 세정의 효과로 두피 각화주기의 정상화와 모공세척으로 다음 단계 진행 시 제품의 흡수 및 두피를 청결히 해준다. 손이나 면봉 등을 이용해 두피 전체에 골고루 스케일링해 준다. 단, 염증이 있는 부위나 예민한 부위는 세심한 관리뿐만 아니라 의사의 진료가 필요하다. 두피 스케일링제로는 살리실산을 많이 이용하고 있으며 살리실산 외에도 멘톨이나 비타민 B 등을 첨가해서 사용하고 있다.

7. 샴 푸

두개 피부와 모발 타입에 맞는 샴푸제를 선택하여 시술한다.

8. 두피 및 모발 트리트먼트

손상된 모발이나 두피에 영양을 공급해 줌으로써 모낭 내 모모세포의 활성화를 유도한다.

9. 마무리

두피는 헤어토닉으로 진정시키고 모발은 모발관련 에센스로 마무리한다.

5. 모발성형

1. 가발을 사용하게 되는 경우

① 두피 및 모발에 병적인 이유로 심한 탈모가 생겼을 경우

② 유전, 호르몬에 의해 일어난 탈모부위를 커버하기 위해

③ 장식적인 목적

2. 가발의 유형

가발의 유형에는 '위그(wig)' 와 '헤어피스(hair piece)' 가 있는데 두상 전체를 감싸는 형태를 '위그' 라 하고 두상의 일부를 덮는 형태를 '피스' 라 한다.

(1) 위그

탈모 면적이 아주 넓은 경우와 숱이 적어 두피가 심하게 비쳐보일 경우 커버를 위해 선택한다.

(2) 피스

다양한 형태와 크기를 가지고 있으며 자신의 헤어스타일에 다양한 변화를 줄 수 있어 특별한 장소나 옷에 맞춰 선택할 수 있다.

Chapter 7

비만과 그 치료

Chapter 7

비만과 그 치료

1. 비만의 정의

비만은 에디파서티(adiposity) 또는 오베서티(obesity)라고 말하며, 이것은 라틴어의 adeps(지방)와 obedo(다식)란 어원에서 유래되었다.

비만은 섭취한 열량 중에서 체내에서 소모되고 남는 잉여 열량이 체내에서 지방으로 전환되어 피하조직과 내장 주변에 지방이 과다하게 축적되는 상태를 의미한다. 그러나 키와 체중이 같아도 사람마다 골격이 굵은 사람과 가는 사람, 근육이 많은 사람과 적은 사람 등 신체조성이 다를 수 있다. 따라서 단순히 체중이 많이 나간다 하더라도 지방조직이 증가된 것이 아니므로 비만이 아니다.

이와 같이 체중과다, 즉 비만은 체중보다는 체조직의 지방량 차이에 따라 판정된다. 정확하게 비만이란 신체 내에 쌓인 지방질이 정상보다 높은 것을 말하며, 일반적으로 섭취한 에너지는 기초대사에 60~75%, 운동과 행동에 15~20%, 그리고 음식물의 소화, 흡수, 대사 등에 10% 정도가 소비된다.

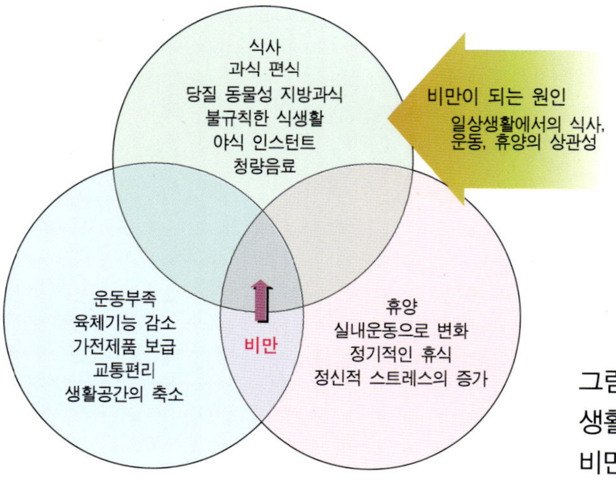

그림 7-1
생활환경과 식사양상에 따른 비만의 원인

2. 비만의 원인

비만의 원인은, 개인마다 에너지 저장 정도가 설정되어 있는데 비만의 경우 설정치(set-point)보다 더 높게 나타나 있다.

① 섭식-포만 중추의 이상

② 정서 교란

③ 지방세포의 증가

④ hypothyroidism (갑상선 기능저하증) : 기초대사량 감소

⑤ hereditary tendency (선천적 경향) : leptin(포만감을 느끼게 하는 식욕억제 호르몬) 분비 저하와 ghrelin(식욕촉진 호르몬) 과잉분비

⑥ 운동부족

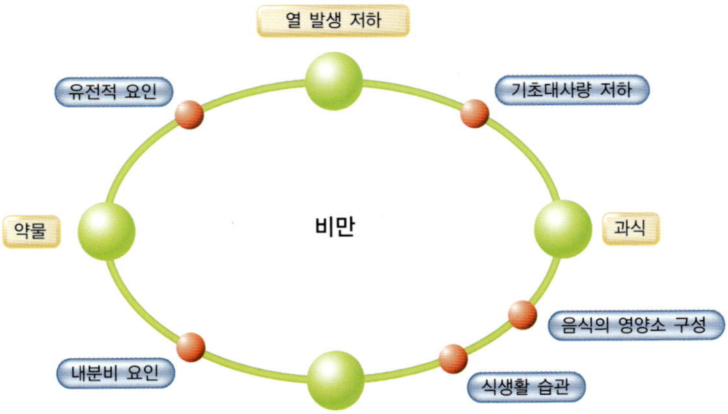

그림 7-2 비만의 원인

1. 내적 요인

(1) 유전

유전적으로 비만인 사람은 갈색지방 조직(brown adipose tissue)에서 열을 발생시키는 능력이 저하되어 있기 때문에 섭취한 에너지가 지방으로 전환되어 저장되는 비율이 정상인보다 상대적으로 더 높다. 또 부모가 비만이면 비만이 될 확률이 높다. 부모 중 한쪽이 비만일 경우 40%, 부모 모두가 비만일 경우 자녀가 60~70% 정도로 자녀의 비만 확률이 높다. 이는 자녀가 부모의 유전인자를 그대로 닮기 때문이며, 부모의 식습관에 영향을 받기 때문이다.

비만한 가정은 탄수화물의 과잉섭취로 빵, 밥, 라면이나 염분이 많이 든 음식과 튀김 등 인스턴트 식품을 좋아하며 야채를 싫어하는 등 부모와 자녀가 식성이 일치하는 경향이 있다.

유전적으로 기초대사가 낮은 것도 비만자의 특징이다. 유전에 의한 비만은 지방세포 수의 증가와 지방세포 크기의 확대 때문이다. 체질은 유전적 인자에 의해 영향을 받는다. 유전적으로 UCP(uncoupling protein)와 렙틴(leptin) 호르몬의 활성도, 민감성이 상대적으로 낮으면 비만이 되기 쉽다고 한다.

UCP는 포유류의 갈색지방세포에 존재하여 추위에 노출되거나 오랫동안 과식할 경우 잉여지방을 분해시켜 열을 발생시키고 에너지 소비량을 증가시키는 물질인데 유전적으로 활성이 억제되어 있어 열 발생에 의한 에너지 소비량이 다른 사람에 비해 떨어지는 것이다.

렙틴은 지방조직에 저장된 에너지량이 얼마나 되는지를 중추신경에 알려서 식욕을 조절함으로써 적정체중을 유도하는 호르몬이다. 그런데 렙틴의 민감도가 떨어질 경우 저장 지방이 많음에도 뇌가 이를 인식하지 못하여 지속적으로 체지방의 증가가 진행된다.

(2) 내분비질환 호르몬, 스트레스 (불안, 우울, 분노)

갑상선 기능 저하증은 갑상선 호르몬의 분비가 감소하면서 기초대사량이 저하되어 비만을 야기한다. 또한 쿠싱 증후군(cushing syndrome)에 의해 부신피질로부터 코티졸(cortisol)이 과잉생성, 분비되면 몸의 중심부에 위치한 지방세포들이 주로 증식하게 되고, 또 섭식 중추와 포만 중추가 있는 시상하부에 종양이 생겨도 비만이 발생한다. 이 밖에 비만을 일으키는 다른 내분비 장애로는 다낭성 난소 및 인슐린종 등이 있다.

뇌의 시상하부는 섭식중추와 포만중추가 있어 식욕을 조절한다. 포만중추가 자극이 되지 않거나 섭식중추가 지나치게 자극되면 과식을 하게 되는데 이는 스트레스가 중요한 원인으로 손꼽힌다.

그림 7-3
영화 "미녀는 괴로워" 포스터

2. 외적 요인

(1) 잘못된 식습관, 불규칙한 식습관

잘못된 식생활은 과식뿐만이 아니라 식생활 전반에 걸친 문제이다. 식사 거르기, 폭식, 잦은 간식, 습관적 야식, 불규칙적인 식사 등으로 섭취 칼로리가 과잉으로 되고 섭취된 칼로리가 체지방으로 축적되기 쉬운 상태가 되어 비만이 될 가능성이 커지게 된다. 뿐만 아니라 이런 습관들은 건강에도 장애를 초래하기 쉽다.

(2) 운동부족에 의한 비만

비만은 한 마디로 섭취열량이 소비열량보다 많은 상태라고 정의할수 있다. 먹은 열량만큼 사용하지 않으니까 열량이 남게 되므로 지방으로 전환되어서 체내에 저장되는 것이다.

이 중 섭취열량이 많은 경우가 너무 많이 먹은 것이라면, 소비열량이 적은 것은 운동이 부족하다는 것이다. 그러니까 이 두 요인은 서로 상호 보완적인 관계로, 많이 먹었더라도 그 열량을 다 소비할 만큼 운동을 많이 한다면 비만이 유발될 염려는 없다.

반대로 적게 먹었다 하더라도 그보다 더 운동량이 적어서 이 열량을 다 소비하지 않는다면 비만이 발생된다. 운동부족이 비만을 유발하는 과정은 이것뿐만이 아니다. 운동부족은 소비열량을 줄일 뿐만 아니라 에너지를 체내에 저장하기 쉬운 대사상태로 변화시킨다.

Check Point

체질량지수(BMI)

BMI는 Body Mass Index의 약자로 과체중 및 비만을 평가함에 있어 세계적으로 통용되는 방법이다. 신장(m)의 제곱을 분모로 하고 체중(kg)을 분자로 한 수치가 된다. BMI란 통계적으로 그 지수가 넘는 체중일 경우 여러 가지 합병증이나 인체에 불편한 사항들이 발생할 확률이 높다는 것을 뜻한다.

분류	BMI(kg/m^2)	동반질환의 위험도	
		허 리 둘 레	
		남성<90cm, 여성<80cm	남성>90cm, 여성>80cm
저체중	<18.5	낮다 (다른 임상질환의 위험은 높다)	보 통
정상범위	18.5~22.9	보 통	증 가
과체중	<23		
위험체중	23~24.9	증 가	중등도
1단계 비만	25~29.9	중등도	고 도
2단계 비만	<30	고 도	매우 고도

Check Point

BMI가 25가 되는 신장과 체중

신장(cm)	체중(kg)
160	64
165	68
170	73
175	77
180	82

WHR (허리/엉덩이)

- 허리/엉덩이 : 남자는 0.9 이상, 여자는 0.85 이상이면 복부비만
- 허리둘레 : 남자는 90cm 이상, 여자는 85cm 이상이면 복부비만

3. 셀룰라이트

1. 셀룰라이트의 정의

셀룰라이트란 불어로 세포라는 의미의 cell과 질환(disease)이라는 의미의 ite가 결합된 단어이다. 신체리듬의 불균형으로 야기된 특별한 형태의 지방으로서 지방세포가 물, 그리고 신체의 노폐물들과 결합하여 피하에 축적된 물질로서 주로 엉덩이, 허벅지에 형성된다.

또한 노폐물을 운반하는 임파선이 제 역할을 못 할 때 지방조직 내에 노폐물이 많아져 지방세포 내 모세혈관의 혈액순환에 장애가 올 경우에도 셀룰라이트가 생성될 수 있다. 여성이 95%가 셀룰라이트의 영향을 받는다. 과도한 중성지방의 축적과 지방세포들의 숫자가 증가되어 생성된다.

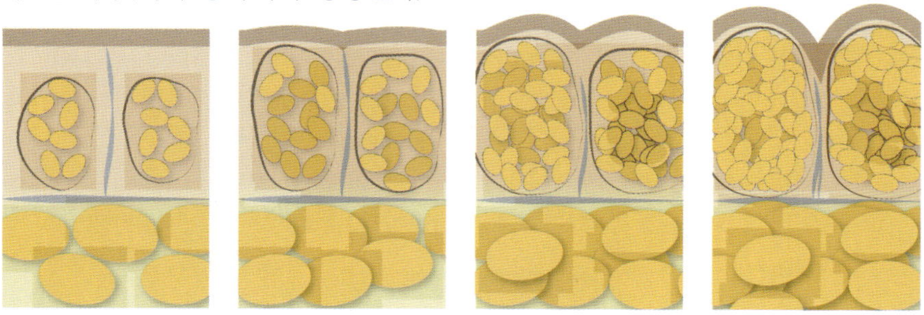

정상 단계 | 셀룰라이트 1단계 | 셀룰라이트 2단계 | 셀룰라이트 3단계

그림 7-4 셀룰라이트

2. 셀룰라이트의 종류

1) 플래비 셀룰라이트 (flabby cellulite)

말랑말랑한 형태의 셀룰라이트로 많은 수분으로 특징되며 몸의 선이 둥글다. 정맥류와 모세혈관 확장과 관계되어 있다.

2) 에더마토즈 셀룰라이트 (edematose cellulite)

부종이 있는 셀룰라이트로 플래비 셀룰라이트보다 더 많은 수분을 보유하고 있다.

3) 콤팩트 셀룰라이트 (compact cellulite)

셀룰라이트가 빽빽하게 자리잡은 상태로서 회복하기 어렵고 더 발전되면 통증이나 감각 과민을 유발할 수 있다.

4) 파이브러스 셀룰라이트 (fibrous cellulite)

섬유질의 셀룰라이트로, 셀룰라이트가 딱딱하게 굳어진 것이다. 셀룰라이트가 가장 악화된 상태로서 모세혈관으로부터 영양공급과 노폐물 배설이 원활하지 않아서 이런 피부는 차고 거칠며 건조하다.

3. 셀룰라이트의 원인

1) 호르몬 불균형

셀룰라이트는 주로 여성에게 생기기 쉬운데 이것은 여성 호르몬의 급격한 변화가 혈액과 체액의 순환에 악영향을 미치기 때문이다.

2) 생리적 피부구조

남성의 피부조직은 두껍고 치밀하게 구성되어 있어 피부 아래의 지방세포층이 올라오지 못하도록 확실하게 막아준다. 그렇지만 여성의 피부조직은 치밀하게 결합되어 있지 못해 지방층을 잘 누르지 못할 뿐만 아니라 두껍고 벌집모양으로 되어 있기 때문에 셀룰라이트가 형성되면 피부를 밀고 올라와서 울퉁불퉁하게 된다.

3) 라이프 스타일

앉아서 생활하는 시간이 많은 경우, 운동부족, 과도한 스트레스, 동물성 지방, 당분, 술, 담배의 지나친 섭취, 수분부족 등은 셀룰라이트 형성을 가속화하는 요인이 된다.

4) 노화

나이가 들수록 림프관이 없어지거나 림프액의 순환이 잘 되지 않아 수분과 노폐물이 쌓이게 되는데, 이것이 거대해진 지방세포와 결합해서 셀룰라이트를 형성한다.

4. 셀룰라이트와 지방조직의 비교

	셀룰라이트	지방조직
정의	지방과 물, 노폐물이 비정상적으로 울퉁불퉁하게 쌓여 있는 상태	지방세포의 과잉 축적
발생원인	여성 호르몬의 변화	지방질 음식의 과다섭취
발생시기	호르몬 변화가 일어나는 사춘기, 임신기, 폐경기	특정 시기 없이 언제든지 발생가능
발생부위	엉덩이, 허벅지, 하복부, 무릎안쪽, 상완부위	신체 전반에 고루 분포
증상	피부표면이 울퉁불퉁함	피하두께가 두껍고 피부가 번들거림
다이어트와 운동의 효과	비효과적	효과적

5. 셀룰라이트의 관리방법

1) 식이요법

지방과 당분의 섭취를 줄이고 자극성이 강한 음식은 피한다. 커피, 콜라, 알코올의 섭취를 줄이고 물을 많이 섭취하도록 한다.

2) 마사지

손과 기구를 이용하여 셀룰라이트 분해 효과가 있는 아로마 오일이나 제품을 병행하여 관리함으로써 지방분해를 촉진하고 림프 순환을 촉진시켜 셀룰라이트를 효과적으로 개선시킨다. 피부관리를 받는 동안 부교감신경이 활성화되어 정신적 스트레스를 감소시키는 효과가 있어 셀룰라이트 관리에 매우 효과적인 방법이다.

3) 운동

가벼운 운동으로 신체의 혈액순환과 림프순환을 촉진시킨다.

4) 휴식

긴장을 풀고 충분한 수면을 취하므로 정신적 스트레스를 이완시켜 체내 노폐물 배설을 촉진시킨다.

6. 비만 기계장비

(1) 서모그래피(thermography)

피부온도의 변화를 측정하므로 셀룰라이트 초기단계에서 측정이 가능하고 예방관리 또한 가능하다.

1) 원리

신체의 온도를 여러 가지 색상으로 나타내는 방법이다. 특히 미세순환계의 매우 작은 변화, 즉 피부온도의 변화를 측정하므로 셀룰라이트 초기단계에서 측정이 가능하고 예방관리 또한 가능하다.

2) 특징

인체에 무해하고 초기 단계의 셀룰라이트도 측정이 가능하므로 셀룰라이트 예방관리가 가능하다. 또한 고객이 직접 셀룰라이트 부위를 확인할 수 있으므로, 셀룰라이트 개선과 관련된 관리프로그램의 효과를 직접 눈으로 확인할 수 있다.

(2) 고주파 기기

주파수 100,000Hz 이상의 교류전류를 고주파 전류라고 한다. 1890년대 프랑스의 달송발(Arsene D'Arsonval)과 미국의 테슬라(Tesla)에 의해 고주파 전류의 발생법 고안에 의하여 인체의 생리적 효과와 살균작용의 효과를 이용하는 기기로 발전하게 되었다.

1) 원리 및 효과

인체조직에 고주파 전류를 통전하면 진동폭이 매우 짧아 화학적 반응, 즉 이온운동이 전혀 없이 진동전류 에너지는 열에너지로 빨리 전환되는 특징이 있다. 정상근을 자극시키는 맥공기간이 아주 짧아서 감각신경이나 운동신경을 자극하지 않아 근수축이나 불편감을 느끼지 않고 특정부위만을 가열할 수 있는 심부열효과를 나타내는 기기이다. 고주파 전류는 비분극 분자인 주변 분자들의 운동에 의한 열발생과 지방 조직에 포함된 혈액, 림프 등의 수분에 의한 열발생으로 지방의 연소를 가속화하고 순환 증가로 배수가 쉽게 되어 비만 관리에 효과적이다.

그림 7–5 고주파

(3) 저주파 기기

저주파 전류(1~1,000Hz 이하)로 근육에 전기자극을 가하여 근육을 운동시켜 지방을 에너지로 생성, 발산하게 하는 원리이다.

1) 원리

근육운동을 시켜주는 파라딕(faradic) 주파에 사다리꼴 형태의 주파 웨이브를 이용하여 근육을 수축운동(contraction)과 비틀림운동(twist)을 함께 병행하게 하여 최대한 근육운동을 할 수 있게 함으로써 단시간 내 관리를 통하여 효과적인 에너지 발산을 통하여 크기 변화를 유도하는 기기이다. 조직의 체액과 노폐물의 순환을 촉진하여 인체 내의 불필요한 수분과 노폐물을 순환계를 통하여 신장으로 배출시키는 신체정화 기능을 증진시킨다.

2) 특징

효과적인 근육 운동에 의한 짧은 관리시간으로 즉각적인 효과를 가져온다. 비만 부위 비만 정도에 따라 특성에 맞게 관리할 수 있다.

3) 비적용증

① 인공심장박동기, 인공신장기를 착용한 사람
② 체내에 금속 삽입물을 가진 사람
③ 임산부나 임신가능성이 있는 사람
④ 피부질환이나 상처가 있는 사람

⑤ 관리하려는 부위에 실리콘이나 기타 삽입물을 가진 사람
⑥ 심장병을 앓았던 경험이 있거나 심장병을 앓고 있는사람
⑦ 신체허약자
⑧ 근육의 손상
⑨ 20세 미만 전체 성장 미발육자

(4) 중주파 기기

중주파 전류(1,000~10,000Hz)를 이용하는 기기로 지방층을 자극하여 지방이 효과적으로 분해된다.

1) 원리

전류의 진폭을 변조시킨 진폭 변조 중주파를 이용하여 지방층을 자극하므로 지방이 효과적으로 분해되는 기기이다. 활발한 지방분해로 신진대사작용이 촉진되어 신체에 있는 에너지 요소가 자연 활성화된다.

2) 비적용증

① 인공심장박동기를 착용한 사람
② 임산부
③ 박테리아 및 바이러스 감염에 의한 질환
④ 목, 앞, 옆부분 위에 사용불가
⑤ 열이 있는 질환
⑥ 피부손상

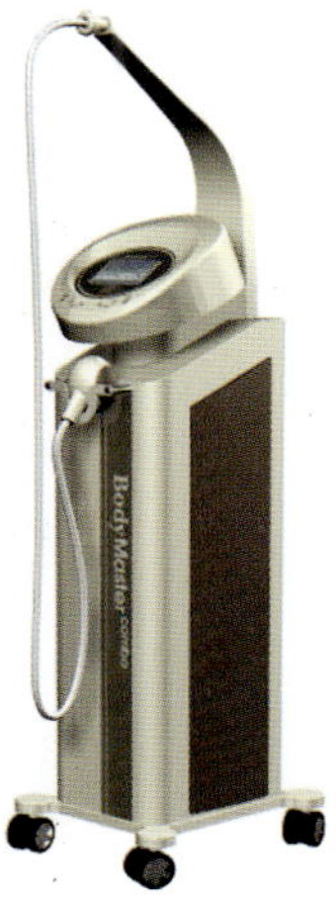

림 7-6 엔더몰러지

(5) 엔더몰러지 기기 (endermologie)

진공펌프에서 나오는 음압을 이용하여 피부결합조직에 인위적 물리자극을 줌으로써 셀룰라이트와 지방을 효과적으로 파괴한다.

1) 원리

진공펌프(vacuum pump)에서 나오는 음압이 볼과 롤러를 통해 피부의 결합조직에 인위적 물리 자극(근육의 수축, 이완, 압박, 당김)을 줌으로써 조직이 화학적·구조적으로 변화하여 셀룰라이트와 지방을 효과적으로 파괴한다.

롤러의 감압으로 느슨해진 조직에 정체물 등이 제거되므로 조직이 탄탄한 구조로 재구성되고, 지속적인 근육과 근막을 자극함으로써 신경을 자극으로 이완시켜 준다. 지방분해를 촉진시켜 조직을 재배치 시키며, 혈액과 림프순환을 촉진한다.

2) 효과

리프팅, 지방분해, 탄력강화, 사이즈 감소(전신, 부분관리), 부종개선, 혈액순환 촉진, 노폐물 배설 촉진, 근육강화

3) 비적용증

① 외상을 가진 사람

② 혈전증

③ 심한 정맥류

④ 심한 혈액순환 장애자

⑤ 임산부

4) 주의사항

① 뼈가 있는 부위는 피한다.

② 정맥류, 모세혈관 확장부위는 피한다.

③ 지나친 압으로 어혈이 생기지 않도록 주의해서 사용한다.

5) 관리방법

① 시술 전 용도에 맞는 마사지 오일을 선택하여 시술하면 효과를 배로 증강시킬 수 있다.

② 말초에서 심장 방향으로 밀어 올리듯 시술한다.

③ 전신 체형관리 시 약 40~50분 정도, 1주일에 2~3회가 효과적이다.

④ 관리 후 충분한 물을 마신다.

(6) 진공흡입 기기

진공으로 빨아들이는 유리컵을 피부에 접촉하게 되면 피부를 흡입하게 된다. 손으로 피부에 압력을 가하는 것과 마찬가지의 물리적 자극을 주게 되어 마사지 효과를 내게 되며, 특히 혈액순환을 촉진시켜 세포에 영양소와 산소를 충분히 공급한다.

그림 7-7 진공흡입기

목적에 따른 시술방법으로 림프의 흐름을 원활하게 하는 방법, 혈액순환을 원활하게 하는 방법이 있으며 림프액이 조직에서 빠져나감으로써 부종이 줄어든다. 진공흡입으로 인한 혈액순환은 기초대사량 증가와 피부 박리를 가져와 피부상태를 증진시킨다.

1) 효과

① 림프와 혈액순환을 증가시키고 부종과 수분축적을 방지한다.
② 신체 내의 독소 및 노폐물 축적을 방지한다.
③ 균형 잡힌 체형관리로 비만관리의 시너지 효과를 기대할 수 있다.
④ 혈액순환의 자극은 세포의 기초대사량 증가와 피부박리 효과를 가져와 피부상태를 증진시킨다.
⑤ 국소부위의 비만관리가 용이하다.
⑥ 셀룰라이트 관리와 림프액 순환을 촉진시킨다.

2) 주의사항

① 갈바닉 관리 후에는 사용하지 말아야 한다.
② 민감성 피부나 모세혈관 확장증이 있는 경우에는 가급적 적용을 하지 않는다.
③ 임산부 관리 시 복부관리는 금하고 하체 관리나 등 관리는 아주 약한 진공압으로 적용하도록 한다.
④ 관리 후에는 충분한 물을 섭취하여 신체의 불필요한 노폐물과 수분을 배설시키는 효과를 배가시킨다.

3) 관리방법

고객에게 적용하는 부위에 따라 유리컵을 다양하게 활용하고 흡입이 가능한 한도 내에서 가장 큰 컵을 사용한다,

신체의 근육과 조직의 결을 따라 시행하고 무리한 압력으로 고객에게 통증을유발하지 않도록 하여야 한다. 컵의 진행 방향은 가장 근접한 림프절로 피부를 약간 들어올려 움직이도록 한다.

4. 비만으로 인한 질병

비만(obesity)은 체지방이 과도하게 축적된 상태로서 당뇨병과 심혈관계 질환 및 암 등 각종 만성 질환의 발병 위험도를 증가시킬 뿐만 아니라 삶의 질을 감소시킨다. 1970년대 후반 경제발전의 결과로 생활에 여유가 생기면서 풍부해진 먹거리로 인해 남녀를 막론하고 나이가 들면서 살쪄 가고, 특히 여성들의 경우는 임신과 출산으로 늘어난 체중이 원상회복되지 않아 체중이 늘어났으며, 청소년의 경우에도 체격이 좋아진 것과 더불어 영양의 과다로 비만 청소년들이 증가하여 사회문제로 대두되고 있다. 그러나 아무리 유전적인 요인이라고 하지만 필요량에 비해 섭취량이 부족하면 뚱뚱해지지 않으며, 올바른 식생활을 하면 비만을 예방할 수 있다.

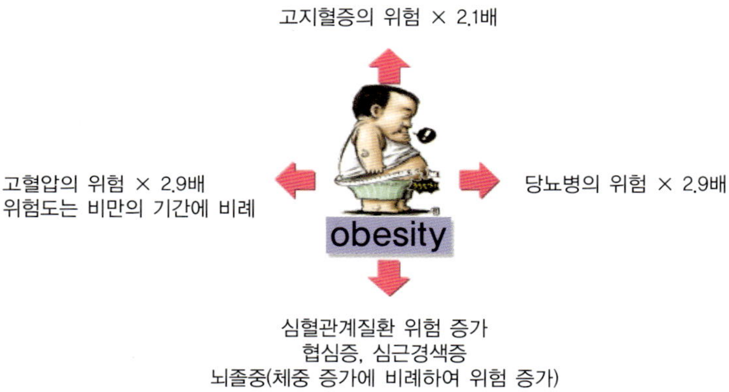

그림 7-8 비만과 동반질환

Check Point

미토콘드리아의 DNA와 비만

에너지를 만드는 기관인 미토콘드리아(mitochondria)는 에너지대사 이상 질환인 당뇨, 비만과 관련이 깊다. 이와 관련해 최근 미토콘드리아의 DNA 유형에따라 당뇨나 미만에 걸릴 가능성이 달라진다는 주장이 설득력을 얻고 있다.

재미있는 건 미토콘드리아의 DNA는 오직 어머니로부터 유전된다는 사실이다. 정자와 난자가 만나 수정이 이뤄질 때 정자는 핵만 난자와 결합한다. 결국 수정란에 존재하는 미토콘드리아는 오직 난자에 있던 것뿐이다.

자식은 아버지와 어머니를 반씩 닮지만 미토콘드리아의 DNA만큼은 어머니를 더 닮는다고 할 수 있다.

〈자료: 목정민 과학칼럼니스트〉

5. 내분비 질환에 의한 요인

1. 내분비계 이상

비만은 갑상선 기능 저하증, 쿠싱 증후군(Cushing's syndrome), 인슐린 과다 분비 등 내분비기계 이상이 있을 때도 나타나며, 갑상선 기능이 저하되어 갑상선 호르몬 분비량이 감소되면 체내 대사속도가 전반적으로 느려져서 기초 대사량이 낮아진다.

갑상선 기능 저하는 에너지 소비를 감소시키며 체지방 축적으로 비만을 야기시킨다. 그 외 중년여성의 경우 폐경으로 에스트로겐 분비가 감소되어 피하지방의 합성이 촉진되므로 비만이 된다.

쿠싱 증후군은 부신피질에서 분비되는 스테로이드 호르몬의 일종이면서 당질, 단백질, 지방, 수분대사에 영향을 미치는 글루코코티코이드(glucocorticoid)의 지속적인 과잉분비에 의해 생기는 질환이다. 이 질환의 증상으로는 달덩이 같은 얼굴, 어깨 등에 지방이 과도하게 축적(buffalo hump)되는 것을 들 수 있다.

2. 스트레스에 의한 비만

뇌의 시상하부는 섭식중추와 포만중추가 있어서 식욕을 조절한다. 포만중추가 자극되지 않거나 공복중추가 지나치게 자극되면 과식을 하게 되는데 과식의 원인에는 스트레스가 중요한 원인이 되고 있다.

스트레스가 있으면 막무가내로 먹어서 스트레스를 해소하려는 식사증후군인 대식증에 빠지기도 한다. 이러한 스트레스로 인한 과식을 치료하기 위해 건전한 식생활과 다양한 운동법의 활용이 무엇보다 중요하다.

6. 수술요법 및 약물처치 후 관리방법

1. 수술요법

(1) 수술요법의 종류

1) 지방흡입술, 지방분해 주사

특수기기의 흡입관을 피하지방층에 삽입시켜 지방을 흡입하는 방법으로 특정 부위의 지방 제거에 효과적이다. 그러나 부작용으로 지방색전증, 근육 및 혈관 손상, 쇼크 등이 나타날 수 있고 시간이 지나면 지방 침착이 다시 일어날 수도 있다. 미국 UCLA 대학 그린웨이 팀이 아미노필린, 아시소프로테레놀과 같은 약물을 포함한 크림이 비만에 효과가 있다고 보고한 후 우리나라에서도 아미노필린을 국소 지방층에 직접 주사해 지방세포 수용체를 자극하거나 자율신경계를 자극하는 방법을 시도하였으나 부작용이 심해 현재는 사용하고 있지 않다. 지방분해를 촉진하는 약물을 직접 주사해 지방세포의 크기를 줄이고 지방분해가 용이하도록 만들어 줌으로써 복부를 비롯한 허벅지나 팔 등의 사이즈가 줄게 한다.

부작용으로는 식욕부진, 구토, 오심, 어지러움 등이 나타날 수 있다.

[시술 후 주의사항]

① 배, 허리, 엉덩이, 허벅지, 종아리, 팔뚝 어디든 지방흡입을 한 뒤에는 벌집처럼 지방이 빠진 자리에 핏물이 고일 수가 있기 때문에 일정한 압력으로 압박을 할 수 있는 압박 속옷이나 탄력 붕대로 압박해 피멍과 부종을 완화시켜 준다.

② 압박 속옷은 생리적인 현상을 해결할 때 외에는 첫 치료할 때까지 계속 착용해야 한다. 특히 복부지방을 흡입했을 때는 해부학적 구조상 압박 속옷이 효과적으로 수술부위를 누르지 못하는 경우가 많기 때문에 특수 스펀지를 넣어서 압박이 골고루 잘 되게 한다.

③ 처방해 준 항생제, 소염제, 진통제는 시간 맞춰 복용하고 특이 반응을 일으키는 경우는 병원으로 문의한다.

④ 수술부위의 샤워는 실밥을 제거하고 바로 가능하지만 온탕에서 장시간 머물러서는 안 된다.

⑤ 수술 후 3~4주가 지나면 부종이 상당히 가라앉지만 속살의 혈액순환이 정상화 되어서 거의 다 빠지려면 3~6개월의 시간이 경과해야 한다. 부종이 줄어듦에 따라 압박 속옷이 느슨해지면 제조사에서 줄어든 만큼 재보정을 해주기 때문에 경과 관찰을 위해서 내원하거나 1, 3, 6개월마다 상담한다.

2) 위장절제술 (베리아트릭 수술)

위의 크기를 줄여 식욕을 저하시키는 동시에 장의 길이를 짧게 함으로써 물리적으로 음식물이 장과 접촉하는 기회를 줄이는 것이 베리아트릭 수술법(bariatric 手術)이다. 운동으로 체중조절이 불가능한 상태일 때 시술한다. 또 이 수술을 받았다고 해도 식생활 변화나 운동을 병행하지 않으면 다시 살이 찌게 된다.

3) 조와이어링 (Jaw wiring)

위축소 수술을 앞둔 비만환자나 일시적인 체중감량을 원하는 사람에게 시술하는 방법으로 철사로 치아나 턱관절 부위를 고정시켜 입을 벌리지 못하게 하여 식품의 섭취를 제한하는 방법이다. 빨대를 통해 유동식만 섭취하기 때문에 체중감량 효과는 있으나 부작용으로 구강 내 감염, 구토 시 질식의 위험, 철사가 풀리면 다시 옛날 체중으로 돌아가는 등의 단점이 있다.

4) 하이드로 리포클라시아 (Hydrolipoclasia)

1990년 이탈리아 의사에 의하여 소개가 된 부분 비만 치료술로 Hydro의 '물', Classia의 '부수다, 파괴하다'는 의미로 물로 지방을 파괴하는 요법으로 최근 비만클리닉에서 셀룰라이트 제거 등에 이용되고 있다. 니들이나 캐뉼라(cannula)를 이용하여 시술부위에 약물을 주입한 후 3MHz의 외부 초음파를 가해 복부, 허벅지, 팔뚝, 무릎안쪽, 엉덩이 밑 등의 국소부위의 지방세포를 파괴하는 방법이다.

5) 국소지방제거술 (바이오덤)

지방과 주위 지방조직을 용해하는 방법으로 비타민과 미네랄이 주성분으로 된 약물을 제거하고자 하는 부위에 주사하고 30분 후 분해된 지방을 빼내는 방법이다.

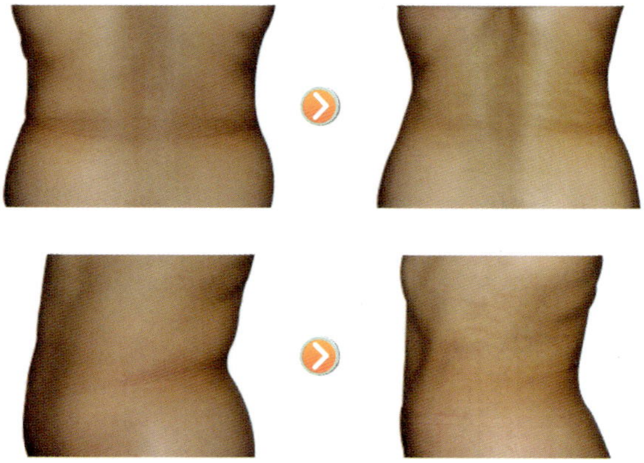

그림 7-9 복부 지방흡입 전과 후

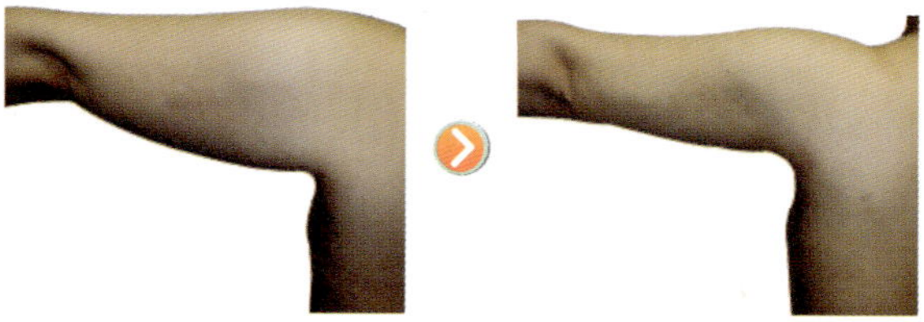

그림 7-10 팔 지방흡입 전과 후

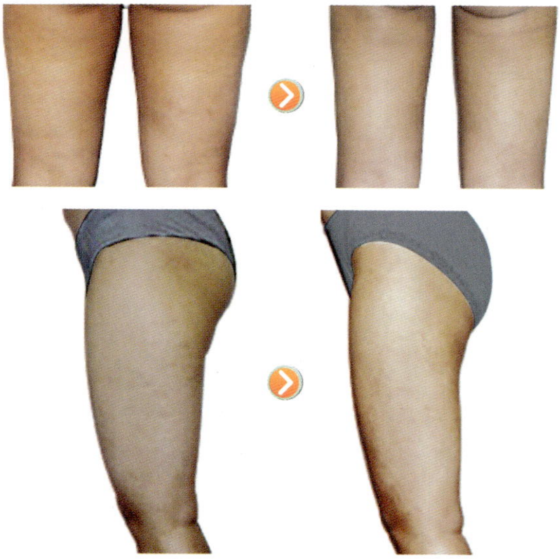

그림 7-11 허벅지+힙라인 지방흡입 전과 후

(2) 시술 후 주의사항

배, 허리, 엉덩이, 허벅지, 종아리, 팔뚝 어디든 지방흡입을 한 뒤에는 벌집처럼 지방이 빠진 자리에 조직액이 고이기 때문에 일정한 압력으로 압박을 할 수 있는 보정 속옷이나 탄력 붕대를 이용한다. 보정 속옷은 1개월 정도 착용하는 것을 원칙으로 하며, 회복 정도에 따라서 착용기간을 조절할 수 있다.

예방적으로 항생제, 소염제, 경우에 따라서 진통제가 처방된다. 수술 부위의 샤워는 실밥을 제거하고 바로 가능하지만 온탕에서 장시간 머무르는 것은 좋지 않다.

2. 약물요법

시중에 유통되고 있는 약제들의 종류로는 식욕억제제(페닐프로파놀라민-후링가올, 로즈카, 프리엘, 펜플루라민), 열생산촉진제(허벌라이프, 펜플루라민, 시트리맥스), 식사요법 보조제(다이어트 쉐이크, 글루코만난, 다이어트라), 고밀도 아미노산제(나이트다이어트-드리미석세스) 등이 있다. 이러한 약제들은 식품으로 분류되어 수입되기 때문에 기능 성분의 함량이 치료 효과를 얻기에는 미달되는 것이 많으며 부작용에 대한 경고 없이 남용되고 있는 실정이다.

전통적으로 비만의 약물치료에 사용된 식욕억제제는 중추신경계의 도파민, 아드레날린, 세로토닌 등의 합성·방출의 경로를 조절하여 음식물의 섭취를 조절하게 된다. 식욕억제제의 장기적인 사용은 습관성과 약제에 대한 내성의 발현 같은 부작용을 일으킬 수 있기 때문에 사용이 제한된다.

디에칠프로피온 펜터민은 교감신경 기능을 항진하며, 펜플루라민은 에너지 대사를 촉진시킨다. 펜플루라민이나 페닐에틸아민 등의 부작용 때문에, 현재 사용가능한 에너지 대사촉진제 중에서 베타3 아드레날린 수용체에 작용하도록 만든 약제들이 비만 치료제로 이용될 전망이다. 현재 비만치료 목적으로 장기간 사용에 대해 미국 식의약품안정청 FDA의 승인을 받은 약물은 다음과 같다.

1) 리덕틸(reductil, 시브트라민)

리덕틸은 뇌의 시상하부에 있는 포만중추를 자극하여 식사를 조금만 해도 배가 부르게 되어 전체 흡수 칼로리를 감소시키는 작용을 한다. 또한 주요 기능으로는 갈색 지방세포의 에너지 발산을 유도하여 지방대사율을 올리는 작용을 한다. 리덕틸은 포만감을 증대시키는 비만치료제로 개발된 약으로 매일 아침 한 번 복용하는 전문 의약품이다.

2) 제니칼(orlistat)

지방 대사에 관여하는 리파아제 작용을 방해하여 지방의 체내 흡수를 감소시키는 약물이다. 올리스탯은 지방분해 효소인 리파아제(lipase)의 작용을 억제하여 섭취된 지방의 30% 정도를 소화·흡수시키지 않고 그대로 배출시켜 200kcal 정도의 에너지 손실효과를 줄 수 있다. 주로 장내에서 이루어지고 적은 양만 흡수되기 때문에 부작용이 극히 적고 국소적이라 할 수 있다. 부작용으로는 장내가스 증가, 경련, 설사 등이 있으며, 제니칼은 매 식사 시마다 복용하는 전문 의약품이다.

3) 푸링가올 캡슐

교감신경을 흥분시켜 식욕억제 효과가 큰 약물로 미국 FDA에서 비만치료의 단기사용(12주 이내) 허가를 받은 제품이다. 부작용으로는 입이 마르거나 심하게 졸음이 오고, 3주 이상 처방할 경우 약제 내성이 나타나 효과가 저하된다.

4) 푸로작

원래 푸로작은 항 우울제로서 식욕억제 효과가 있다. 부작용으로는 두통, 메스꺼움, 입마름, 무력감, 불면 등이 있으나 심각한 부작용은 드물다고 한다.

5) 슈가펜

열 생성을 높여 에너지 소비를 증가시키는 약물로 카페인, 에페드린, 아스피린을 복합시킨 것이다. 불면, 어지럼증, 맥박수 증가, 심혈관 질환 발생 위험증가 등의 부작용이 보고되어 있다.

6) 메조테라피

1952년 프랑스 의사 피스토(Pistor)가 개발한 요법으로 통증과 일반 치료의 목적으로 치료하고자 하는 부위의 가까운 적당한 위치에 소량, 드물게 약물을 사용한다는 원칙에서 시작되었다. 국내에는 2002년경 도입되어 시술되고 있으며 다양한 형태의 연구가 이루어지고 있다.

[적용범위]

비만, 국소비만, 탈모, 통증 방지와 피부미용을 위하여 피하지방층과 연결되어 있는 섬유조직, 피하지방조직, 지방조직, 근육조직, 연골조직 부위에 소량의 약물과 복합물질을 주사기로 주입하는 방법으로 메조리프트, 메조보톡스 등이 있다.

7. 한방치료

1. 한방 랩핑

100% 천연성분인 한약재 추출물인 한방 랩핑(wrapping) 액에 의한 삼투압 원리로 기와 혈 순환을 도와주고, 림프의 흐름을 촉진시키는 관리법이다. 한방 랩핑 솔루션을 함유한 랩(wrap)으로 피부를 감싸 주어, 피부 깊숙이 쌓인 노폐물과 지방세포 사이에 축적된 독소와 셀룰라이트가 삼투압 효과에 의해 체외로 배출되게 하는 원리다. 피부와 신경조직에 유해물질과 독소가 과잉 축척되면 피부조직을 지지해 주고 탄력을 유지해 주는 콜라겐과 엘라스틴이 줄어들게 된다.

이러한 현상은 피부의 단단함과 탄력성을 감소시켜 근육조직이 느슨해지고 셀룰라이트가 형성되는 원인이 되는데, 한방 랩핑은 지방세포와 피부 조직에 쌓인 독소를 제거함으로써 엘라스틴과 콜라겐을 재생시켜 주는 효과가 있다.

[적용범위]

① 통증 없이 체형관리를 원할 경우

② 다이어트를 하면서 근육과 피부를 단단하게 가꾸기를 원하는 경우

③ 피부에 부분적으로 튼 살이나 닭살이 있을 때

④ 과체중은 아니지만 상체나 하체 중 특정부위의 부분비만을 개선하려는 경우

- 1회 시술 : 평균 6~14인치의 감소효과
- 4회 이상 시술 : 부분별로 24인치 이상의 감소효과

⑤ 마른 체형이지만 피부와 근육을 팽팽하고 탄력 있게 가꾸고자 하는 경우

⑥ 임신과 갑작스런 체중변화로 피부가 늘어진 경우

⑦ 극도의 건성피부와 거친 피부를 개선하고자 할 경우

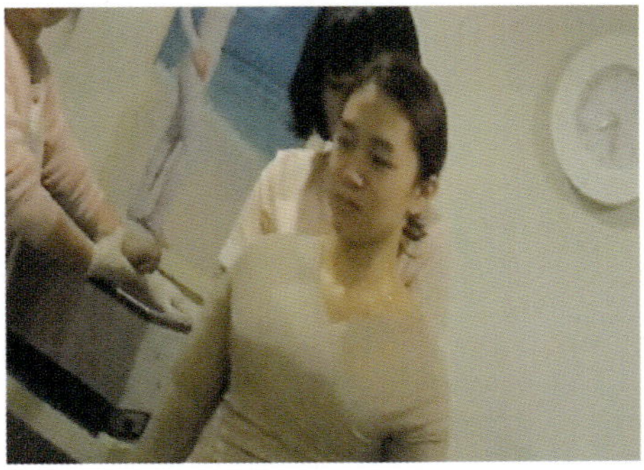

자료제공 : 이은미 Natural 한방병원

그림 7-12 한방 랩핑

2. 지방 분해침

비만도가 특히 심한 특정 부위에 10cm 내외의 장침을 3~5cm 간격으로 지방층에 나란히 8쌍을 시술한 후 특수파형 전기로 1시간 정도 자극을 준다. 원하는 부위의 지방층에 침을 놓은 후, 일정 파장의 저주파를 발생시켜서 지방을 분해시키는 치료법을 말한다. 부분적으로 쌓인 지방을 효과적으로 제거하기 위해 특수하게 고안된 안전한 전류를 가느다란 침을 통해서 지방층에 전달하는데, 이러한 전기 침 자극이 우리 몸의 신경 말단에 자극을 주어 카테콜아민(catecholamine)이 분비되어 호르몬 성분이 효소(hormon-sensitivity lipase)를 자극해 지방을 분해한다.

이 과정에서 발생하는 열 에너지가 세포 속의 에너지 활동을 촉진시킨다. 지방을 분해하는 작용과 전기 침의 열작용에 의해서 온도가 상승되고 지방세포를 연소시켜 평균적으로 1회 시술에 1~3cm의 사이즈 감소의 효과를 보이며 10회에 약 1,000cc 정도의 지방량이 감소되는 효과가 있다.

침 자극 시 피부 흡수작용도 있어 지방분해 후 피부가 늘어지는 현상을 막아서 탄력을 주고 치료 시 통증이 거의 없는 장점이 있다.

- 얼굴 : 6~12회 정도로 충분
- 바디 : 1주일에 3회, 평균 12회

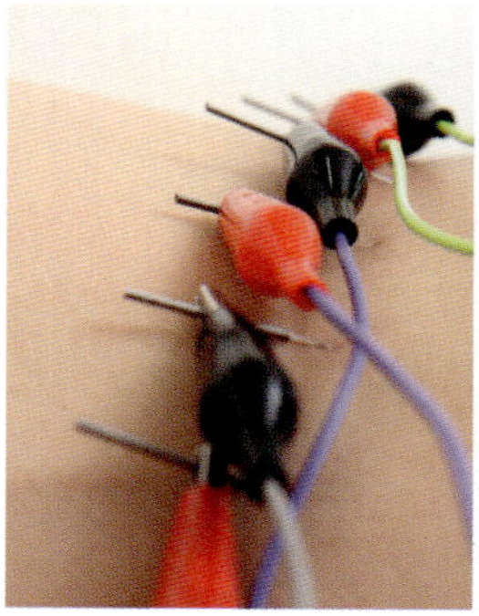
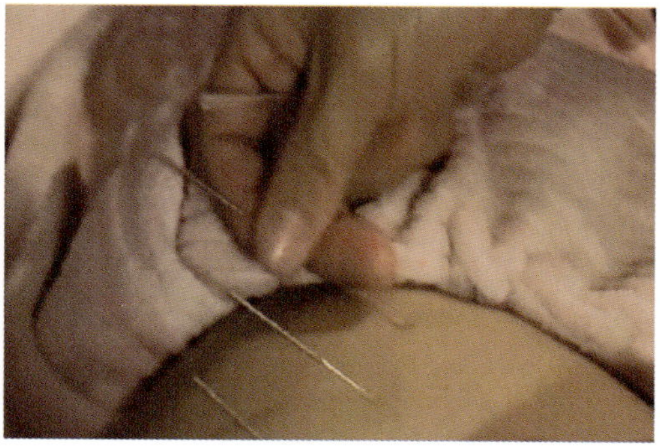

자료제공 : 이은미 Natural 한방병원

그림 7-13 한방치료

8. 섭취중추와 포만중추

1. 섭취중추

시상하부의 외측시상하부(lateral hypothalamic area)에 존재하는 섭취행동을 일으키는 중추이다. 양측성으로 파괴되면 음식을 거부하여 죽음에 이른다. 반대로 전기자극을 주변 만복상태라도 섭취한다.

시상하부의 복 내측 핵(ventromedial hypothalamic nucleus)에는 만복중추가 있어서, 양측 파괴로 과식하고 전기 자극으로 거식한다. 이 상반적으로 작용하는 양 중추를 식욕조절 중추(appestat)라고 한다.

2. 포만중추

시상하부가 식행동에 중요한 역할을 하고 있는데, 시상하부 외측부에 변연계 헤 인펄스를 보내서 식행동을 발동시키는 공복중추가 있으며, 내측부의 복 내측핵에 식행동을 정지시키는 만복중추가 있다. 그 때문에 복 내측 핵을 파괴하면 배부른 것을 알지 못하여 계속 먹는다. 이와 같은 과식 상태는 복 내측 핵을 전기 자극하는 것으로 인해서도 일어날 수 있다.

포만중추는 혈당이 떨어지게 되거나 쌀쌀하거나 추워지게 되는 기온변화로 인하여 몸의 체온이 떨어지게 되면 포만중추의 자극이 약해질 수 있게 된다. 그러므로 포만감을 오래 유지시켜 주는, 당분은 적고 단백질이 풍부한 콩, 견과류, 두부 등의 음식을 복합 탄수화물과 함께 규칙적인 시간에 균형있게 섭취하여 주는 것이 좋다.

포만감을 오래 유지시켜 주는 영양소의 순서는 단백질·탄수화물·지방 순이며 단백질 위주의 식단과 함께 근력운동 또는 고강도 운동을 하게 되면 우리 몸의 체온이 올라가게 되어 포만중추를 자극하여 식욕을 억제하는 데 도움이 되므로 운동과 함께 병행하는 것이 바람직하다.

9. 비만의 식사요법

비만의 식사요법은 초기에는 체중감소를 일으키고, 그 후에는 감소된 체중을 장기간 유지할 수 있도록, 적절한 일일 섭취열량과 그에 따른 식사를 개인의 식습관에 맞추어 조절해야 한다. 체중을 감량하고자 하는 사람은 1일 500~1000Kcal을 줄여서 음식을 섭취하도록 권장하고 있으며, 이는 1주일간 0.45~0.90kg 체중 감량에 해당한다.

1. 식생활 지침

① 다양한 식품을 골고루 섭취한다.
② 정상체중을 유지한다.
③ 단백질을 충분히 섭취한다.
④ 지질은 총 에너지 섭취량의 20% 정도로 섭취한다.
⑤ 우유를 매일 마신다.
⑥ 짜게 먹지 않는다.
⑦ 치아건강을 유지한다.
⑧ 술, 담배, 카페인 음료 등을 절제한다.
⑨ 식생활 및 일상생활의 균형을 유지한다.
⑩ 식사를 즐겁게 한다.

2. 세 끼 식사의 영양균형

(1) 아침식사 : 오전의 활동에 대비하여 생리적 조건을 가다듬는 역할

수면 중에 우리의 몸은 근육활동에 의한 열 생산이 없기 때문에 체온이 낮아지게 된다. 잠에서 깨어나 움직이기 시작하면 체온은 상승하지만, 아침식사를 거르면 식사에 의한 열 생산이 없어서 조금밖에 상승하지 못하며, 아침을 거르면 혈당치가 낮은 상태에 머물러서 점심을 먹을 때까지의 활동이 둔해지게 된다.

(2) 점심식사 : 오후의 활동을 위한 에너지원을 보충

낮에 활동하다가 먹는 점심은 활동 내용(육체노동, 정신노동 등)에 따라, 또 연령에 따라서도 달라지며 식사하는 방법도 다소간의 제약을 받게 된다.

점심은 각자의 생활 형태에 맞게 오후의 활동을 위한 에너지원을 보충하는 것으로 3대 영양소의 비율에 대한 지침도 따로 정해져 있지 않는 것이 보통이다. 그러나 다이어트를 하는 사람은 점심에 섭취한 에너지가 저녁까지 남아 있지 않도록 하기 위해 에너지로 소비되기 쉬운 탄수화물 중심의 식사를 하는 것이 바람직하다.

(3) 저녁식사 : 하루의 피로를 풀고 몸을 만들기 위해 영양을 보충한다.

근육이나 내장 등의 조직과 세포를 만들고 보수하기 위해 단백질을 보충한다. 단백질의 합성은 수면 중에 가장 효율적으로 이루어지는 만큼 하루에 필요한 단백질의 대부분을 저녁에 섭취해도 좋다.

표 7-1 체중감량을 위한 식사원칙

구분	내용	주의
에너지	• 식사요법으로 1달에 2kg의 체중을 감량하려면 하루 에너지 섭취량은 에너지 소비량보다 500kcal 적게 섭취함	최소 1,200kcal/일 섭취
탄수화물	• 1일 에너지섭취량의 50~60% 섭취 • 1일 최소 100g의 탄수화물(밥1½)을 섭취	복합당질 위주로 섭취
지방	• 1일 에너지섭취량의 15~20% 섭취 • 포화지방은 1일 지방섭취량 1/3 이내로 섭취 • 콜레스테롤은 1일 200mg 이내로 섭취	식물성 기름이나 어유, 오메가 3, 6, 9 섭취
단백질	• 1일 에너지 섭취량의 20~25% 섭취 • 열량 제한에 의한 체단백질 소모를 막고 단백질 영양상태를 유지하기 위해 건강체중 kg당 1.0~1.5g의 단백질 섭취가 권장됨	닭가슴살, 생선, 달걀흰자, 우유, 콩류, 양질의 단백질 섭취
식이섬유	• 1일 20~25g 섭취 권장	전곡류, 채소, 해조류 섭취
비타민, 무기질	• 1일 권장섭취기준 충족을 위해 다양한 식품 섭취 • 특히 항산화비타민, 칼슘, 철 등의 섭취에 유의	1,200kcal/일 미만 섭취시 혼합비타민과 무기질 보충제 복용
수분	• 1일 최소 1L 이상 섭취	음료수보다는 물 섭취
알코올	• 효과적인 체중감량을 위해 알코올 섭취를 제한	술과 안주는 열량이 높으므로 섭취를 제한함

10. 비만에 좋은 차, 식품

1. 녹차

녹차(green tea)는 차나무의 어린 녹엽이나 싹을 채취해서 증기로 찌거나 볶아서 발효가 일어나지 않도록 건조시킨 것이다. 녹차에는 지방질의 산화를 억제하는 항산화제인 폴리페놀(poliphenol) 화합물 카테킨(catechin)과 과산화물 변이효소인 SOD, 항산화 효과를 상승시키는 비타민 A, C, E 등을 함유하고 있어 체내에서 지방질의 항산화 반응과정에서 생성되는 노화 및 암을 예방한다.

그 밖에 콜레스테롤 수치를 낮추고 지방질 대사를 향상시키므로 고혈압 및 순환계 질환을 예방하며 항균 작용이 우수하기 때문에 무좀치료에 효과적이나 빈혈이 심한 사람과 저혈압인 사람은 많이 마시지 말아야 한다. 녹차에는 철분의 흡수를 방해하는 성분이 다소 들어 있기 때문이다.

탄닌은 미숙한 감이나 밤의 속껍질의 떫은 맛을 가진 물질인데 주성분은 탄닌산과 아주 유사한 물질이다. 분자량이 적은 카페인, 몰식자산과 플라보노이드 등은 항산화력이 커서 생체에 유해한 과산화물 제거에 도움이 되는 물질이다. 차의 성분 중 카테킨은 지방분해효소를 강화시키므로 기름진 음식을 많이 먹었을 때 지방분해를 도와줌으로써 비만 예방의 효과가 있다.

녹차 성분 중 카테킨은 지방분해효소를 강화시키므로 기름진 음식을 많이 먹었을 때 지방분해를 도와 비만 예방의 효과가 있다. 녹차성분 중 플라보노이드는 자외선 등에 의한 세포막의 손상 억제 효과가 있고 비타민 C와 같이 멜라닌 생성을 억제할 수 있으며, 피부의 표피층을 보호한다.

탄닌은 내장에서 일종의 수렴작용을 한다. 따라서 탄닌이 들어 있는 감, 파파야, 포도껍질, 바나나, 쑥, 밤 껍질, 산나물, 차, 도토리, 코코아, 초콜릿 등의 많은 식품을 과식하게 되면 변비에 걸리기 쉽다.

2. 루이보스티

루이보스티(rooibos tea)는 남아프리카의 세다벨크 산맥에 자생하는 두과 침엽수의 잎을 가공하여 만든 것이다. 'Rooibos'는 붉은 관목이라는 뜻으로 불로장수 음료로 음용해 오던 것을 1772년 툼벨크라 식물학자가 발견했으며, 영국의 차 상인 벤자민이 유럽에 소개하여 상품화하였다.

동양에서는 1975년에 일본에서 독점수입권을 얻었는데, 건강과 미용에 특유한 효과가 인정되면서 선풍적 인기를 얻었다.

루이보스티에 함유되어 있는 중요한 성분은 항산화력이 강한 여러가지 탄닌류, 폴리페놀류, 플라보노이드 등이며, 무기질도 비교적 많이 함유되어 있다. 필수 미량원소도 충분하며, 향기 또한 은은하며 친화적이다.

커피나 홍차에 많은 카페인은 전혀 없으며 많이 마셔도 의존성이 되는 일은 없다. 루이보스티는 활성산소 제거 효과물질(SOD)의 특징을 가진다. 대표적인 것은 루테올린(luteolin), 케르세틴(quercetin), 플라보노이드이며 항바이러스 살균력, 구충력, 간장독성 해소, 항종양 등 다양한 기능이 있는 물질로 생리적 기능에 관여하고 있다.

[루이보스티 효능]

① 활성산소에 의해 발생되는 모든 성인병에 유효

② 통풍 치유효과(핵산이 대사되면서 산화로 요산이 되어 혈중에 농도가 높아짐으로써 체온이 낮은 손가락이나 발가락에 결정되어 말초신경을 자극하게 되는 병)

③ 스트레스 질환

④ 알레르기 질환

⑤ 피부미백 : 피부노화 색소 형성(기미, 주근깨, 색소침착, 간반), 일광에 의한 피부노화, 피부각질층의 변화, 주름살 생성 방지 등에 효과

⑥ 아토피성 피부염의 가려움증 원인물질인 항원 알레르겐(allergen)에 의해 면역계가 흥분하여 항체단백질(IgE)을 만들고 그 작용으로 가려움을 주는 물질 히스타민이 생겨 긁을수록 피부표면의 면역세포는 더욱 흥분해 히스타민 분비를 하는데, 루이보스티는 아토피 피부염에 관계되는 면역계 비만세포의 진정 효과가 뛰어나다.

3. 하이드록시 시트르산

하이드록시 시트르산(HCA, hydroxy citric acid)은 뇌하수체와 대뇌수질에 영향을 주어 식욕억제와 지방의 합성을 저하시키며 대사작용을 활성화한다. HCA는 나쁜 콜레스테롤 LDL(low density lipoprotein)을 감소시키는 반면, HDL(high density lipoprotein) 콜레스롤을 증가시키는 기능도 함께 지니고 있다. HCA는 지방산을 체지방으로 저장하는 대신에 간으로 보내서 글리코겐으로 저장된다.

가르시아 캄보지아는 남아시아에서 자생하는 열대성 과일나무 껍질이며, 일명 살빼는 약초라고 알려지면서 껍질을 말려 가루를 내어 식품의 향료와 다이어트 식품으로 널리 이용되고 있다.

[HCA 효능]

① 체내 지방생성 차단
② 에너지 생산 증가
③ 식욕억제 및 지방분해
④ 체내 단백질 보호
⑤ 천연식품에서 유래하며 안전성, 무독성, 무내성이며, 체지방 합성 저지 및 글리코겐 증가, 식욕억제 식품으로 널리 사용한다.

4. 카르니틴

L-카르니틴(carnitine)은 체내 장기조직에 존재하는 천연물질로 정상적 영양대사를 위해 필수적이다. 체내에서 일부 생성되지만 그 양이 현저히 적어서 외부에서 공급받아야 하며, 주로 붉은색 육류에 함유되어 있다. L-카르니틴은 지방의 재합성을 방지하고 중성지방의 축적을 막아주는 데 기여하며, 지방의 생합성을 억제함으로써 체중감량에 도움을 준다. 카르니틴 급원은 필수아미노산인 라이신(lysin)과 메티오닌(methionine)이다.

5. 코엔자임 Q10

코엔자임 Q10(coenzyme Q10)은 세포 내 에너지 생산과 관계되는 효소의 작용을 돕는 보조효소로 효능이 비타민과 같아 비타민 Q라고도 한다. 폐경기 여성이나 특히 노년에는 이것이 현저히 감소되어 피부노화와 생리적인 병변이 생기게 된다.

또한 코엔자임 Q10은 등푸른 생선의 정어리와 낙화생에 많고, 세포의 산화적 손상을 보호하고 영양소 연소대사 효율을 높이며, 체중증가를 억제하고 피부의 신진대사를 돕는다.

11. 비만과 운동의 관련성

체중 증가는 열량 섭취 증가보다는 신체 활동 감소 정도와 비례한다. 즉, 비만은 음식 섭취과다뿐만 아니라 신체 활동 감소에 의해서도 발생한다. 장기적인 체중조절이 성공하려면 식사 감량보다는 활동량 증가가 중요하다.

1. 운동이 체중조절에 유효한 이유

1) 열량 소모

운동을 하면 열량이 소모된다. 즉 섭취한 영양분을 운동으로 소모한다면 그만큼 체중의 균형이 이루어진다. 그러나 운동에 의해 소모되는 열량은 그리 많지 않다. 그러나 운동에 의한 체중 조절 효과는 직접적으로 에너지를 소모하는 효과뿐만 아니라 소모된 글리코겐의 생성 및 저장, 운동으로 손상된 조직의 복구 등에도 간접적인 에너지가 소모되는 효과도 있다.

2) 체성분 변화에 따른 기초대사량 감소 예방

3) 요요 현상에 따른 지방섭취 증가 억제

4) 인슐린 증가의 개선

5) 심폐기능을 중심으로 한 체력향상과 심리적 안정

6) 심리적 호전

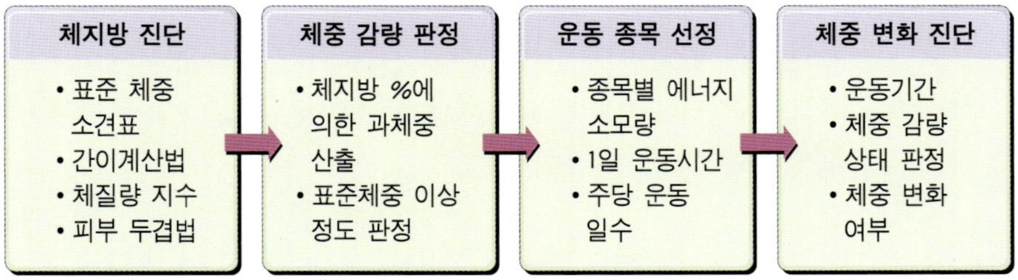

그림 7-14 운동을 통한 체중조절의 단계

2. 무산소운동과 유산소운동

(1) 무산소운동

언에어로빅스, 언에어로빅 운동이라고도 한다. 운동을 할 때 숨이 찬다는 말은 운동에 필요한 산소가 부족하다는 뜻을 나타낸다. 무산소운동은 산소가 충분하지 않거나 없는 상태에서 이루어져서 숨이 차고 힘이 들어 길어야 2~3분 정도밖에 지속할 수 없는 단시간 운동이다. 무산소운동을 하게 되는 능력의 한계는 이미 저장되어 있던 에너지인 ATP의 양에 의해 결정된다.

(2) 유산소운동

에어로빅스라고도 하며 산소를 섭취하는 운동 모두를 의미한다. 대표적 유산소운동으로는 걷기, 달리기, 자전거타기, 수영, 에어로빅 등이 있다. 일반적으로 유산소운동은 심장과 폐를 통하여 산소를 필요로 하는 조직에 효과적으로 공급해주는 데 그 목적이 있다. 그러므로 심장 근육을 강력하게 단련시켜 심장 수축 때마다 혈액을 잘 공급해 주도록 한다.

(3) 다이어트 운동법

1) 운동 요법

운동요법은 식사요법과 운동요법을 병행할 때 체지방을 더 감량하고 근육량을 증량할 수 있어 바람직한 체중감량을 이룰 수 있다. 체중감량을 위해 1일 에너지 소비량 보다 200~300kcal를 적게 섭취하고 1주에 0.5kg의 체지방을 감량하는 것이 적절한 방법이다. 따라서 운동을 할 때에는 과부하의 원칙, 점진성의 원칙, 반복성의 원칙, 개별성의 원칙에 따라 실시하여야 한다. 운동종목은 걷기, 달리기, 수영, 자전거타기, 에어로빅 댄스 등의 유산소운동이 좋다.

표 7-2 운동에 의한 에너지 소모율 비교

활 동	에너지 소모(kcal/hour)
sleeping	65
sitting at rest	100
typewriting	140
slow walking	200
carpenter, painting	240
sexual intercourse	280
Bicycling	304
swimming	500
jogging	570
walking up stairs	1,100

2) 운동 강도

자신의 운동능력의 50~80% 정도가 적당하다. 운동을 너무 심하게 혹은 약하게 하여 심장 박동수가 지나치게 오르거나 낮으면 지방은 분해되지 않는다. 또한 운동의 강도를 갑자기 증가시키지 말아야 한다. 운동 중이나 운동을 끝내고 고통스러운 느낌이 없어야 하고 운동 후 다음날 아침 피곤감이 없어야 하며, 운동 후유증이 없어야 한다.

3) 운동시간

지방분해 원리에 의해 최소 30분에서 1시간 정도가 적당하다. 여름철에는 장시간의 운동을 피하고 수분을 충분히 공급하며, 겨울철에는 보온에 유의한다.

4) 운동빈도

운동의 빈도는 일주일에 3~4회가 적당하나, 체중의 감량을 위해서는 주 5회 이상을 권장한다. 운동을 한 지 약 20분 후부터 체지방이 연소되기 때문에 체중감량을 위해서는 약간 숨이 차면서 땀이 날 정도의 강도로 운동을 해야 한다.

5) 기타

영양상태와 수면상태를 고려하여 운동을 하는데 신체조건이 나쁠 때는 쉬도록 한다. 체중 변동에 따라 운동계획을 수정한다.

(4) 행동수정 요법

다이어트의 진정한 성공은 1주일 또는 1달에 몇 kg을 감량하느냐에서 끝나는 것이 아니라 감소된 체중이 얼마나 오래 유지되느냐는 것에 의해 결정된다.

비만 상태에서 다이어트를 시작하여 식사조절로 칼로리 섭취량을 줄이고 운동으로 칼로리 소비량을 늘리면 체지방량이 서서히 감소된다. 하지만 모든 문제가 완전히 해결되는 것이 아니다. 다이어트에 성공하여 체중이 표준체중으로 줄었다는 것은 커져 있던 지방세포가 정상 크기로 줄었다는 것일 뿐이고 지방세포의 수는 그대로이므로 정상인에 비해 뚱뚱해질 확률이 더 높은 것이다.

만약 또 다시 영양 과다섭취나 운동부족의 길로 들어서게 되면 다이어트 이전의 비만상태로 돌아가거나 오히려 그보다 더 체중이 증가하기 쉽다. 이것은 한 번 증가된 지방세포의 수는 감소되지 않으며, 각 지방세포는 자신이 가장 커져있었던 상태를 이상형으로 기억함으로써 언제든 그대로 되돌아가고자 하는 경향을 가지고 있기 때문이다. 이것이 요요현상을 부추기는 요인이기도 하다. 이 모든 어려움을 이겨내어 최소한 1~2년 이상 감소된 체중을 유지했을 때 비로소 다이어트는 성공한 것이다. 다이어트 성공률이 5% 정도에 불과하여 암보다 더 정복하기 어렵다고 하는 것도 바로 이 때문이다.

12. 성공적인 생활습관

1. 마음자세

① 체중을 자주 잰다. 단, 매일 측정하지는 말고 1주일에서 10일 정도 간격으로 정기적인 측정을 실시하여 다이어트 진행 정도도 체크하고 긴장감을 늦추지 않도록 한다.

② 주변사람들에게 다이어트 중이라는 사실을 알린다.

2. 공복대책

① 물은 기상 직후 또는 식사 사이에 하루 6~8컵 이상 마신다.

② 식사 후에는 바로 양치질을 한다,

③ 식사와 식사 중간에 간식 대신 물을 마시거나 견디기 힘들면 당근이나 오이 및 토마토 등을 조금 먹는다.

3. 생활태도

① 식사는 하루에 세 번, 일정한 시간에 한다.

② 식사는 영양적으로 균형 있게 한다.

③ 식사는 천천히, 즐겁게 한다.

④ 과식이나 폭식 상황에서의 대처방안을 강구한다.

⑤ 자신에게 맞는 운동을 꾸준히 한다.

⑥ 일상생활 속에서 활동량을 높인다.

⑦ 규칙적인 생활을 한다.

13. 요요현상

1. 정의

다이어트를 시작하여 어느 정도 체중감량 후 다이어트를 중단한 경우에 원래 체중 이상으로 다시 증가하는 현상을 말한다.

2. 원인

첫째, 기초 대사량이 감소하기 때문이다.

체중감량을 위해 식사량, 즉 칼로리 섭취량을 줄이게 되면 몸은 여기에 적응하기 위해 기초 대사량을 감소시켜 에너지 효율이 높은 상태가 된다. 때문에 다이어트 후에 다시 이전 수준의 식사량을 섭취하면 똑같은 양의 음식을 먹어도 기초대사량이 이미 감소한 상태이기 때문에 몸은 칼로리가 과잉이라고 감지하고 체지방으로 축적하여 체중이 다시 증가하게 된다.

둘째, 체중이 감소했다 할지라도 체내 지방세포의 수는 그대로 존재하며 언제든지 다시 이전의 지방이 가장 많았던 상태로 되돌아가고자 하기 때문이다.

3. 문제점

요요현상으로 체중이 다시 증가한다는 것은 지방조직이 차지하는 비율이 증가한다는 것이다. 만약 체중의 감량과 회복이 자주 반복되면 기초 대사량의 감소로 에너지 효율이 높아져서 체지방률이 점점 더 높아지게 되고, 체중감량에 걸리는 기간은 더 길어지는 반면, 원래의 체중으로 증가하는 기간은 더 짧아진다.

4. 대처방법

다이어트를 일단 시작하여 초기에 체중이 많이 줄다가, 몸이 줄어든 칼로리 섭취량에 적응하여 기초 대사량이 감소되면 체중이 더 이상 줄지 않게 되는 시기가 온다. 이 시기 중에도 꾸준히 다이어트를 해 나가면 다시 체중이 줄게 된다. 이를 일시적인 체중의 정체현상이라고 한다.

그러므로 일시적인 다이어트는 의미가 없고 장기간에 걸쳐서 서서히 체중을 감량하고, 다이어트로 유발될 수 있는 기초 대사량의 저하를 막기 위해서는 식사조절과 함께 꾸준한 운동요법을 병행하는 것이 바람직하다.

14. 다이어트 부작용

1. 변비

변비는 특히 여성이 잘 걸리며 호르몬의 작용으로 배란부터 월경이 있을 때까지 분비되는 황체 호르몬이 장의 연동운동을 억제하여 변비증상이 나타나기 쉬우나, 월경이 시작되면 분비되는 난포 호르몬이 장의 연동운동을 촉진하게 되어 배변이 잘 된다.

생리적인 이유 이외에도 여성이 남성보다 변비에 잘 걸리는 이유는 바로 무리한 다이어트이다. 일정한 시간에 일정량의 식사를 하면 장도 활발한 연동운동을 하는데, 다이어트를 하기 위해 식사를 자주 거른다거나 한참 굶다가 폭식을 하게 되면

장의 운동력이 떨어지게 된다. 또한 다이어트로 먹는 절대량이 지나치게 적게 되면 배설될 양도 적어 일정량이 될 때까지 직장에 쌓여 처음에는 단순성 변비로 시작해 반복되면 습관성 변비로 진행된다.

2. 거식, 다식 증후군

식이장애로 체중, 몸매에 병적인 집착을 보이거나 음식에 대해 비정상적인 행동을 보이는 일종의 정신질환이다. 즉, 과체중 내지 비만에 대한 두려움이 강하여 먹지 않거나 먹어도 스스로 토해내기도 하며 설사제나 이뇨제 등을 복용하거나 또는 그 반동으로 마구 먹는다든지 하는 증상으로, 환자의 대부분이 사춘기나 젊은 여성이다. 이러한 증상이 계속되면 체중이 비정상적으로 감소하고 성장장애 등 각종 신체적 합병증이나 다른 정신질환으로 이어지기 쉬우며 극단적인 경우 극심한 영양부족으로 사망에 이르기도 한다.

3. 빈혈

영양적으로 균형 있는 식사를 하지 않아서, 특히 식사량을 지나치게 줄이거나 특정 식품만을 장기간 섭취하여 철분 섭취량이 부족하게 되면 영양실조증인 빈혈이 나타날 수 있다.

4. 생리불순

영양실조에서 빈혈로 이어지다가 영양부족 상태가 더 계속되면 생리불순까지 될 수 있다. 심한 경우 생리가 완전히 없어짐으로써 불임의 원인이 될 수 있다는 점에 주의해야 한다.

5. 골다공증

골다공증이란 뼈의 화학적 조성에는 변화가 없으나 뼈의 밀도가 감소하여 쉽게 골절되는 증상이다. 여성의 경우 폐경 이후 가장 많이 나타나나 극단적인 다이어트로 칼슘 등의 영양소의 섭취량이 부족하거나 운동량까지 부족하면 뼈를 만드는 조골세포의 기능이 저하되고 뼈 속의 칼슘 등이 빠져나와서 뼈가 약화될 수 있다. 그런 경우 20~30대에게도 골다공증이 생길 수도 있다.

15. 성형 전신관리

1. 유방 확대 성형

사춘기 때는 반구형이던 유방이 성년기로 넘어가면서 호르몬의 영향으로 풍만하게 발육한다. 유방은 출산 후 모유를 제공하는 생리적 기능 외에 여성의 체형을 이루는 외형적인 아름다움의 기능 또한 크다. 그러나 아름다운 가슴이 중년기에 접어들면 내분비와 생리적 현상, 출산과 수유 등에 따라 유선이 위축되고 탄력감소와 지방 소실로 위쪽이 편평해지고 아래쪽이 처져서 불룩하게 변화된다. 이런 변화는 유선이 위축·퇴화되면서 노년기에 더욱 심해져 납작하게 변한다.

최근에 젊은 여성에서부터 노년에 이르기까지 아름답고 풍만한 가슴 확대술로 외형적 아름다움을 회복하려는 인구가 증가하고 수술 후 케어를 하고자 병원에 방문하는 경우가 많다. 이외에도 가슴 성형술로는 유방 축소, 함몰 유두, 남성의 여성화 유방 성형 수술 등이 있다.

생리식염수 백, 더블루멘, 코헤시브젤(코젤) 등이 있으나 대부분 실리콘을 사용하여 임플란트(implant)를 한다.

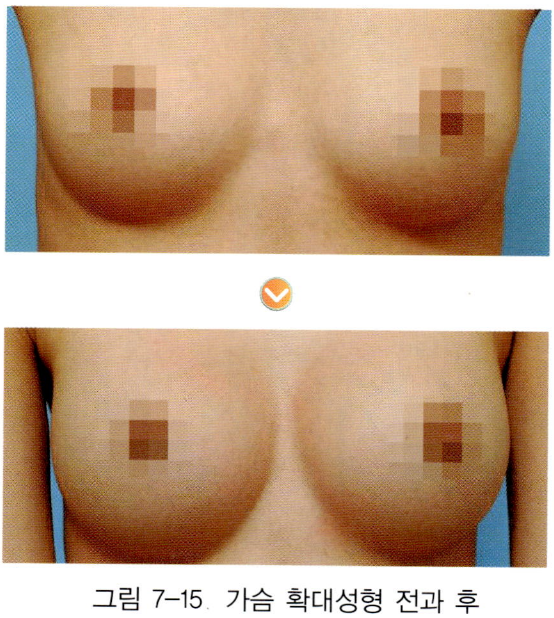

그림 7-15. 가슴 확대성형 전과 후

(1) 수술 후 주의사항

① 수술 후 실밥을 제거할 때까지는 팔을 많이 사용하거나 팔을 90도 이상 올리는 것을 자제하고 무거운 것을 들거나 팔을 힘껏 당기는 등의 행동을 삼간다. 2일 후 가벼운 맨손체조를 하면 회복이 빠르다.

② 수술 후 1개월 정도까지는 양쪽 유방의 붓기 차이로 인한 크기의 차이가 있을 수 있다. 안전하게 붓기가 빠지는 시기는 2~3개월이므로 3개월이 경과하면 유방의 크기를 평가해야 한다.

③ 병원에서 착용해 준 보정 브래지어(brassiere)는 1개월 동안 밤낮으로 착용해야 한다.

④ 최소한 6주 정도 수술 흉터는 붉은 상태지만 점차 나아지며 수술 후 약 2~3달 경과하면 거의 눈에 띄지 않게 된다.

⑤ 수술 후 다음날부터 샤워를 할 수 있으며 3주 동안은 사우나나 탕에 들어가는 것은 삼간다. 찜질방이나 사우나는 혈관을 확장시켜 출혈을 유발할 수 있고 이로 인해 가슴형태가 변할 수도 있기 때문이다.

⑥ 2주 후부터 가벼운 운동은 가능하나 수영, 골프, 헬스 등 과격한 운동은 1개월 후부터 가능하다.

⑦ 음주나 흡연은 수술 후 상처회복에 지장을 줄 수 있으므로 최소 3주에서 1개월 정도는 금해야 한다. 술은 신체 면역력을 떨어뜨려 염증을 유발시키고 담배는 가슴의 혈류를 차단시키기 때문에 심한 경우엔 가슴의 피부에 괴사가 생길 수도 있기 때문이다.

⑧ 가슴 부위에 자극이 될 수 있으므로 운전은 10일 이후에나 가능하다.

⑨ 저녁에 잘 때 브래지어를 착용하면 내측에 형성되고 있는 피막의 유착을 유발해 가슴 모양이 변할 수 있으니 3개월 이상은 취침 시 브래지어를 착용을 금하며, 3개월까지는 와이어가 있는 브래지어 착용보다는 스포츠 브래지어나 탑 브래지어를 착용하여야 가슴 모양이 변형되지 않는다.

⑩ 보형물의 종류에 따라 마사지를 해야 할 경우와 하지 않아도 될 경우가 있다. 가슴확대수술 후 부작용에 대해 걱정하는 사람들이 많은데 대표적인 부작용이 바로 구형구축이다. 가슴확대 수술을 할 때 보형물을 가슴 안에 삽입하게 되면 인체는 이물질이라고 인식을 하여 보형물 주위에 피막을 형성하기도 하는

데 이로 인해 가슴이 단단해질 수 있다. 이러한 발생을 예방하기 위하여 가슴 확대수술 후 가슴 마사지를 꾸준히 해주어야 한다.

(2) 성형 후 가슴마사지

수술 후 3~5일째부터 의료진이나 혹은 환자 스스로 가슴 마사지를 시작하며 매일 3~4회 이상 유방을 마사지 하고 조금씩 횟수를 늘려 1회에 15분씩, 하루 4회 이상 시행한다. 특히 아침에 일어나 1회, 저녁취침 전 시행하는 것이 중요하며 이때 가능한 한 누운 상태에서 하면 가슴에 좀 더 넓은 여유 공간을 줄 수 있다. 수술 후 2주 동안은 마사지 시 약간의 통증이 있을 수 있으므로 적어도 수술후 1개월 동안은 1주일에 2번 정도 병원을 방문하여 마사지를 받는 것이 좋다.

보형물을 싸고 있는 조직들이 좁아짐으로써 수축되는 현상을 마사지로서 방지하는 것이므로 보형물이 들어가 있는 포켓을 넓혀 준다는 느낌으로 마사지를 해야 한다. 가슴확대 수술 후에 생길 수 있는 구형구축을 예방하기 위해 3개월 이상 가슴마사지를 꾸준히 하는데, 그 방법은 다음과 같다.

① 백을 위로 올려준다.

2번째 손가락 바닥이 늑골에 닿도록 힘을 주어 누르면서 8~10초 정도 백을 위로 세게 올려주는 동작을 5회 반복한다.

② 백을 안쪽으로 당겨준다.

2번째 손가락 바닥이 늑골에 닿도록 힘을 주어 누르면서 8~10초 정도 백을 내측으로 세게 올려주는 동작을 5회 반복한다.

③ 백을 아래로 밀어준다.

5번째 손가락의 바닥이 늑골에 닿도록 힘을 주며 누르면서 8~10초 정도 백을 4~5회 반복하여 세게 아래로 밀어준다.

④ 백을 바깥쪽으로 밀어준다.

2, 3 ,4, 5번째 손가락과 손바닥 사이의 관절부위 바닥이 늑골에 닿도록 힘주어 누르면서 8~10초 백을 외측으로 세게 밀어주며 5회 같은 동작을 반복한다.

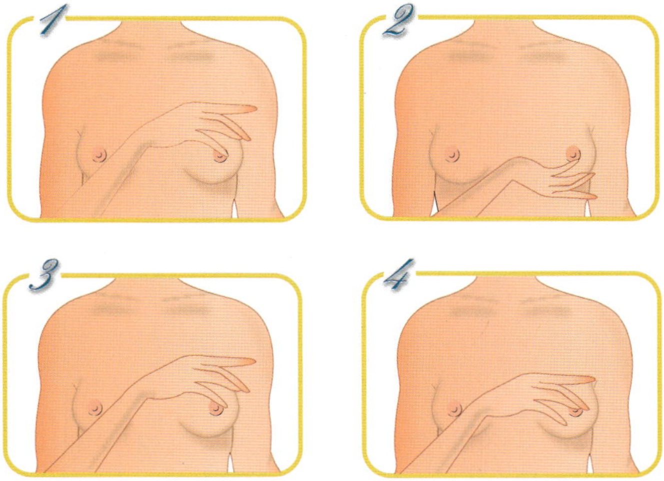

그림 7-16 가슴 마사지 방법

2. 종아리 성형술

여성의 상징인 스커트를 입을 때 유난히 신경 쓰이는 신체 부위가 종아리이다.

지방 축적으로 종아리가 굵어 보이는 경우도 있겠지만, 흔히 알통이라고 하는 근육이 발달해 종아리 라인의 아름다움이 저해되는 경우가 대부분이다. 미니스커트와 하이힐을 즐기는 여성들 사이에서는 아름답고 날씬한 다리를 위해 종아리 신경퇴축술, 보톡스 주사 등이 선호되고 있다.

(1) 종아리 근육 발달 유형

종아리의 근육은 '내측 비복근', '외측 비복근', 그리고 깊이 위치해 있는 '가자미근육' 세 가지로 나눈다. 이 중에 일명 '알통'이라고 불리는 내측 비복근이 가장 문제가 되는 근육이며 이 근육은 유전 또는 과도한 근육 사용으로 크게 발달하여 다리를 굵게 변형시킨다. 그 유형은 다음과 같다.

1) 내측 비복근 발달형

내측 비복근은 뒤쪽까지 넓게 분포하고 있으며 가장 발달하기 쉬운 부위로 하이힐을 신었을 경우 두드러지게 튀어나와 보이는 근육이다.

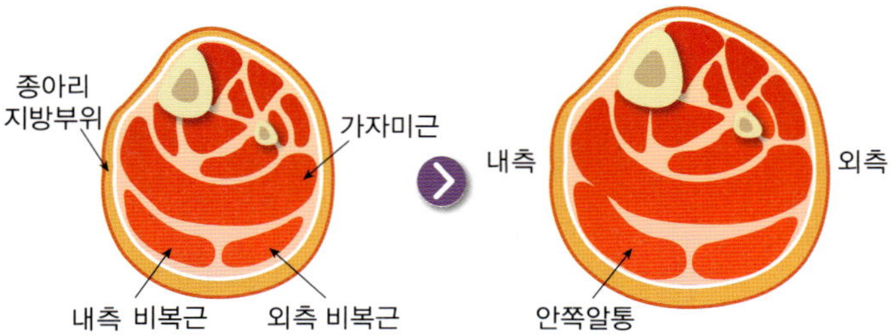

그림 7-17 내측 비복근 발달형

2) 내/외측 비복근 및 가자미근 복합 발달형

내측 및 외측 비복근, 가자미 근이 복합적으로 발달한 경우이며 과도하게 근육이 발달하면서 다리의 라인 전체가 근육질로 보여 여성스러움이 저하된다.

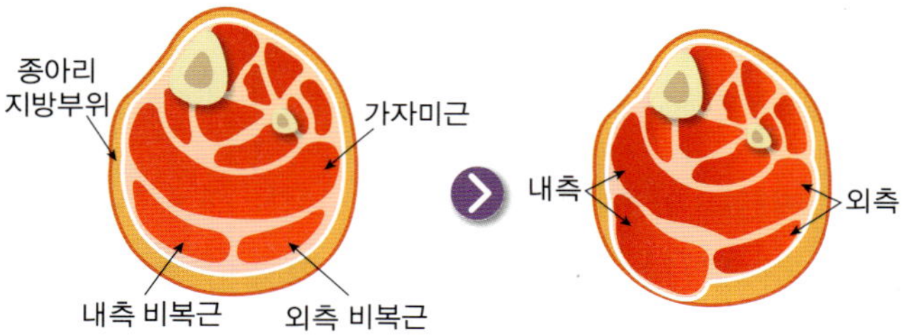

그림 7-18 내/외측 비복근 및 가자미근 복합 발달형

3) 가자미근(비근) 발달형

깊숙이 위치하고 있는 가자미 근은 두껍고 넓은 근육으로 가자미근이 발달할 경우 종아리 안쪽 라인과 바깥쪽 라인이 두드러져 굵어 보인다.

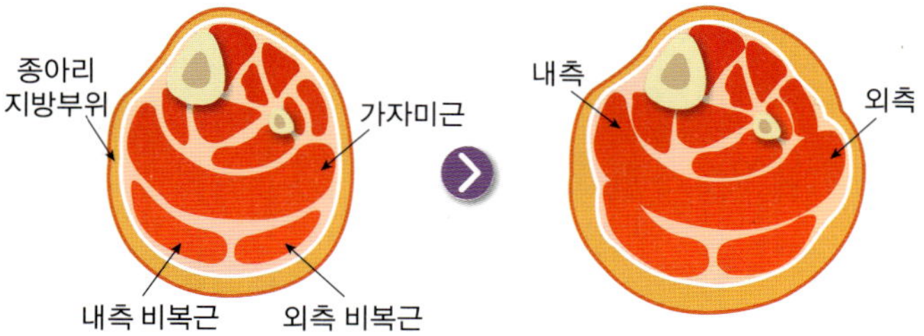

그림 7-19 내/외측 가자미근(비근) 발달형

4) 근육 및 지방 복합 발달형

근육 발달뿐만 아니라 지방축적도 많아 다리 윤곽이 통통해 보이는 유형으로 여성들이 가장 스트레스를 많이 받는 최악의 다리 형태이다.

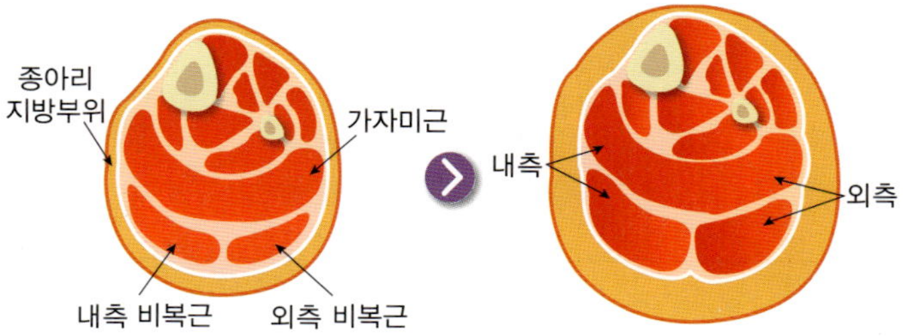

그림 7-20 근육 및 지방 복합 발달형

(2) 종아리 성형술 종류

1) 신경퇴축술

정밀 신경 추적 장비를 이용해 종아리 근육으로 가는 운동 신경만을 세밀하게 차단해 근육을 퇴축하는 방법으로 다른 조직의 손상 없이 종아리 근육을 지배하는 신경을 선택적으로 차단하는 수술이다. 시술 후 까치발을 들어도 알통근육이 보이지 않으며, 개인의 종아리 근육 두께에 따라 차이가 있지만 4~8cm정도 감소하여 아름답고 날씬한 종아리 효과를 얻을 수 있다.

[종아리 신경퇴축술 후 주의사항]

① 수술 후 약간의 부종, 멍, 당김 증상이 나타나지만 자연스럽게 없어진다.
② 수술 후 약 일주일 정도는 어느 정도 굽이 높은 신발을 신는 것이 좋다.
③ 달리기, 에어로빅 등의 과격한 운동은 1개월 후부터 한다.
④ 시술 후 3~4시간 후 일상생활이 가능하며 스트레칭과 하지 순환운동을 해준다.

표 7-3 종아리 신경퇴축술 후 스트레칭법

반대손으로 다리 들어 당기기	앉아서 상체 낮추기	의자에 앉아 발끝 당기기
1. 바닥에 두 다리를 펴고 모아 앉는다. 2. 그 상태에서 한쪽다리를 들고 반대쪽 손으로 잡고 몸쪽으로 당긴다	1. 바닥에 두 다리를 펴고 모아 앉는다. 2. 숨을 들이마시면서 척추를 곧게 세운다. 3. 숨을 내쉬면서 배, 가슴, 턱, 이마 순으로 상체를 낮춘다. 4. 숨을 마시면서 머리부터 들어서 원래 위치로 돌아온다.	1. 의자에 앉아 두 다리를 편다. 2. 허리를 세우고 발끝을 가슴쪽으로 당긴다.

2) 종아리 보톡스

보톡스는 과하게 발달된 종아리 안쪽과 바깥쪽 근육에 주입해 신경전달물질의 분비를 억제시키고 근육의 약화를 유도하는 방법이다. 전신마취 및 절개 등의 수술 시 필요한 과정들이 없기 때문에 흉터가 남지 않고 휴식이나 회복시간 없이 곧 바로 정상 생활을 할 수 있는 장점이 있다. 1회 시술시 근육량이 재증가하므로 4~6개월 단위로 시술받아야 날씬한 종아리를 기대할 수 있다.

[종아리 보톡스 후 주의사항]

① 4~6개월 간격으로 연속 시술을 해야 한다.

보톡스 효과는 대략 6개월~1년 정도면 사라지기 때문에 4~6개월 간격으로 시술을 받아야 효과 유지가 되므로 의사와 정확하게 상담 후 시술받는다.

② 근육을 많이 쓰는 운동은 자제한다.

운동을 하면 자연스럽게 근육을 사용하기 때문에 근육을 사용하는 운동을 자주 할 경우 근육이 다시 발달할 수 있으므로 최대한 자제하는 것이 좋다.

3) 지방흡입술

최근 아름다운 몸매를 위해 가장 유행하고 있는 성형술이며 레이저 초음파 지방흡입술로 혈관, 신경의 손상이 없고 흉터가 거의 남지 않는다. 미세 또는 대용량의 지방흡입을 할 수 있다.

Chapter 8

성형 수술 및 관리

Chapter 8

성형 수술 및 관리

1. 성형수술의 정의

성형수술은 신체의 이상이나 기형, 특히 피부와 피부의 직접적인 근간이 되는 조직을 고치기 위하여 고안된 것이다. 이러한 기형에는 언청이와 같은 선천성 기형과 교통사고로 인한 흉터나 화상, 머리나 목의 일부를 훼손시키는 종양, 상해로 인한 상처나 관절염, 너무 편형하고 낮은 코와 같은 외관상의 결함, 혹은 나이를 먹음으로써 늘어지는 피부 등이 있다.

성형수술이 plastic surgery라고 불리는 이유는 위에서 언급된 종류의 기형이나 신체의 이상을 고치거나 바로 잡기 위해서 신체의 여러 부위를 변형시키거나 형체를 만드는 일과 관련되어 있기 때문이다. 성형수술은 그대로 놓아두면 위와 같은 기형이나 결함을 지닌 사람을 비정상적인 사람으로 오인시킬 수 있는 신체적 결함, 즉 선천적 장애, 상처, 종양 및 기형 등을 고치기 위해 고안된 것이다.

2. 수술실의 특징

수술이 이루어지는 동안에 환자는 수술부위만 노출시킨 상태로 살균 처리된 천을 두르고 수술실 중앙에 있는 수술대에 눕는다. 수술 부위는 피부를 살균처리 하기 위해 사용하는 소독제로 인하여 갈색이나 황색으로 색이 변할 수 있다. 의사와 간호사(보조원)들은 마스크를 입에 두르고 살균된 장갑과 가운을 착용하고 살균된 구역에 머리카락이 떨어지는 것을 방지하기 위해서 머리에 수술용 두건을 쓴 채로 수술대 가까이 선다.

수술대에 있는 간호사 중에 수간호사인 세척담당 간호사는 Mayo라고 하는 작은 탁자를 가지고 있는데, 그 위에 수술 중 사용되는 기구를 비치하여 절개된 부분에 신속하게 가져가서 편하게 사용할 수 있도록 한다. 세척담당의 수간호사는 수술 도중 혹은 나중에라도 필요할지 모르는 도구나 기기를 비치할 수 있는 살균 처리된 테이블을 뒤쪽에 준비해 둔다. 그 외의 모든 사람들은 이 기기들을 오염시키지 않도록 살균 처리된 구역에서 벗어나 있는 것이 중요하다.

대개 살균 장갑이나 가운을 착용하지 않은 간호사가 수술 도중에 도움을 위해 왕래하곤 한다. 이 간호사의 일은 수술실의 외부나 수술실 내에 있기는 하면서도 살균지역 바깥에 있는 봉합용 실이나 그 외에 수술에 필요한 장비를 가져다 나르는 것이다.

수술대의 앞쪽에는 대개 마취전담의사가 위치하거나 마취를 담당하는 간호사가 위치한다. 이들의 임무는 환자의 상태를 관찰하고 마취상태를 유지하도록 하며 마취약을 투여하여 환자를 마취상태로 유도하기도 하고, 그들 가까이에는 위급 시에 반드시 필요한 모든 장비가 장착된 기계가 있다. 수술실의 천장에는 수술대에 적합한 조명을 제공하는 수술용 조명이 있다.

3. 수술에 사용하는 도구

성형수술에 일반적으로 사용되는 도구는 다음과 같다.

1. 수술용 메스(scalpel)

가장 최근에 나온 메스는 수시로 교체할 수 있는 날을 손잡이에 달아 두었다가 기존의 날이 무뎌지면 언제라도 바꾸어 사용할 수 있다. 이 작업은 모든 수술이 시작될 때 이루어지는 것은 물론, 때로는 수술 도중에도 여러번 이루어진다.

메스는 수술부위를 절개하는 데만 사용되는 것이 아니라 연골조직을 베어 내거나 조직 내의 혈관 다발을 다른 것으로부터 절개해 내거나, 혹은 특정 조직을 정교하게 잘라내는 데에도 사용된다.

2. 절개용 가위

절개용 가위(dissecting scissors)는 대개 끝이 두텁고 무뎌서 조직을 절개하거나 분리시키는 데 사용된다.

예를 들면, 얼굴부위의 피부를 수술을 위해 도려내는 것과 같이 피부를 피하지방이나 근육으로부터 도려내어 분리하는 데 사용된다. 절개용 가위는 또한 신경과 힘줄(핏줄)을 찾아내어 치료하는 데도 사용된다.

3. 날카롭고 정교한 절개용 가위 (sharp cutting scissors)

피부를 다듬거나 조직을 정교하게 잘라내는 데 사용된다.

4. 견인기

여러 종류의 견인기(retractor)는 다른 부분으로부터 피부를 따로 떼어내어 수술을 용이하게 하는 데 사용된다. 또한 의사가 피하조직에 대한 수술을 진행할 수 있도록 피부를 피하근육과 피하지방으로부터 분리해 내는 데도 사용된다. 작고 긴 견인기는 코 부위의 연골로부터 코 피부를 떼어 내서 그 밑에 있는 뼈와 연골을 손질하는 데 사용될 수 있다.

5. 지혈기

지혈기(hemostats)는 혈관을 차단하여 출혈을 막는 데 사용되는 집게이다. 지혈기로 출혈을 막은 뒤 혈관을 봉합용 실로 봉하거나 전기로 혈류를 응고시키는 작업을 한다.

6. 핀셋

핀셋(forceps)은 족집게와 유사하게 생긴 것으로, 조직을 자르기 위하여 조직을 잡아 올리거나 봉합하는 데 사용된다.

7. 바늘집게(needle holders)

바늘로 봉합용 실을 이용하여 절개 부위를 봉합할 때 여러 분야의 조직이나 피부에 대고 수술을 용이하게 할 수 있도록 하는 데 사용된다.

8. 스펀지

가로 4인치×세로 4인치 크기의 거즈를 대개 스펀지라 부른다. 이것은 의사가 수술 부위를 제대로 보는 데 장애가 되는 혈액이나 체액을 흡수하거나 닦아내는 데 사용된다.

9. 깎는 기구 혹은 모양 뜨는 기구 (sculpting instruments)

뼈를 깎는 기구, 다듬는 기구, 혹은 큐렛(curette)이라고 불리는 작은 외과용 긁개, 혹은 랑쥐르(longeur)와 같은 특별 기구를 말한다. 랑쥐르는 코나 여러 부위의 얼굴뼈의 형태를 고치거나 다듬기 위해서 뼈나 연골을 잡아떼는 기구이다. 이것은 손 부위의 형체가 일그러진 뼈를 성형할 때에도 사용될 수 있다.

10. 봉합용 실

여러 가지 종류의 봉합용 실은 조직을 찾아 드러내거나 절개부위를 봉합할 때 사용된다. 봉합용 실에는 크게 두 가지 유형이 있다. 녹지 않는 봉합용 실은 실크, 나일론, 혹은 낚시줄과 매우 비슷해 보이는 플라스틱 합성섬유로 만들어진다. 이러한 봉합실은 대개 피부에 사용된다. 이런 종류의 실은 수술 부위가 아물기 시작한 초기단계, 즉 3~7일 사이에 제거되어야 하지만 흉터를 덜 남기는 특성을 가지고 있다. 또 다른 한 가지는 녹는 특성을 가진 실이다.

이러한 종류의 실은 일반적으로 머리선 뒤쪽의 피부 혹은 흉터가 남아도 크게 문제되지 않는 부위를 봉하는 데 주로 사용될 수 있지만, 녹지 않는 실을 피부에서 제거한 후에는 절개 부위가 잘 붙도록 하기 위해서 피부 속 부분에 주로 사용한다. 이런 종류의 실은 봉합 후 대개 1~4개월 사이에 피부 속에서 녹아버린다.

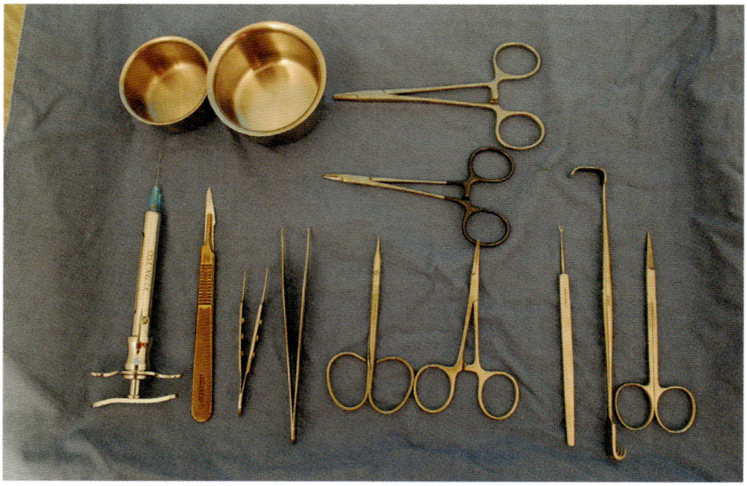

그림 8-1 수술에 사용되는 기구들

4. 성형수술의 종류

1. 눈성형

눈성형은 다른 어떤 성형수술보다 가장 많이 시행되고 있는 성형수술이다. 눈성형 중에서 극적인 변화로 인해 인상이 많이 다르게 보이는 쌍꺼풀 수술과 앞트임, 뒤트임, 밑트임이 있다.

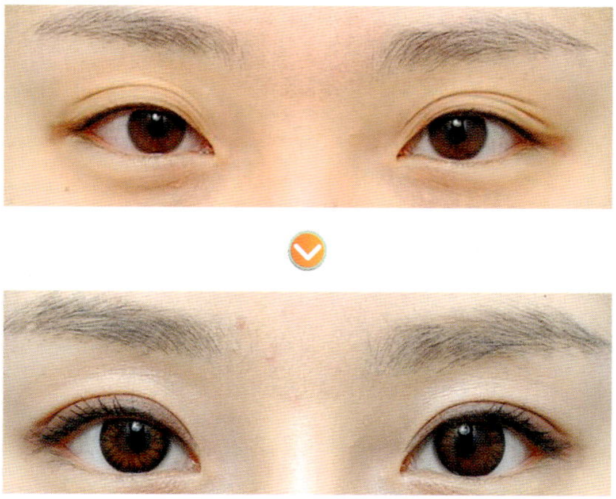

그림 8-2 눈성형 전과 후

2. 코성형(융비술)

융비술 또한 가장 대표적으로 행해지는 코수술로, 흔히 이야기하는 콧등을 높이는 수술을 말한다.

융비술을 하게 되면 실제로는 콧등의 높이뿐만 아니라 코의 길이가 길어지게 된다. 콧등이 시작되는 이상적인 위치는 눈을 떴을 때 쌍꺼풀이 생기는 부위부터 올리는 것이 자연스럽고, 콧등은 코뿌리와 코끝을 연결한 선보다 2mm 정도 안쪽으로 들어간 것이 좋다. 콧등을 높일 때 사용되는 재료로는 실리콘, 고어텍스 삽입물을 가장 많이 사용하고 있으며, 기타 다른 재료로 인조피부 또는 자기 자신의 살이나 연골 및 뼈를 이용하기도 한다.

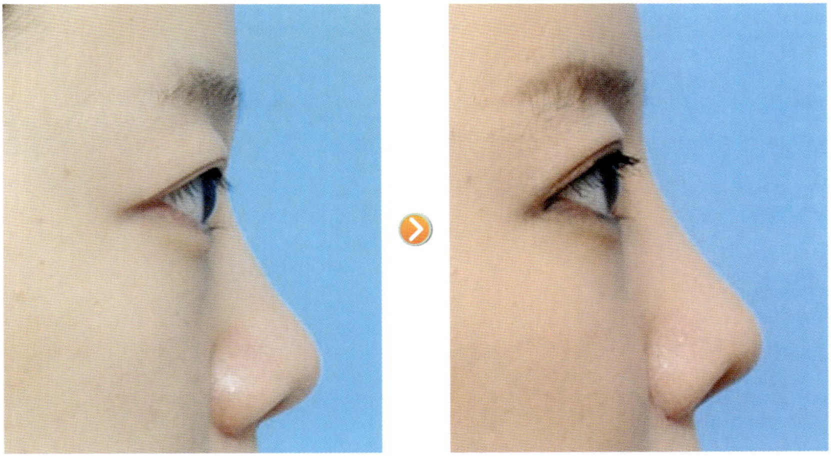

그림 8-3 낮은 코 성형 전과 후

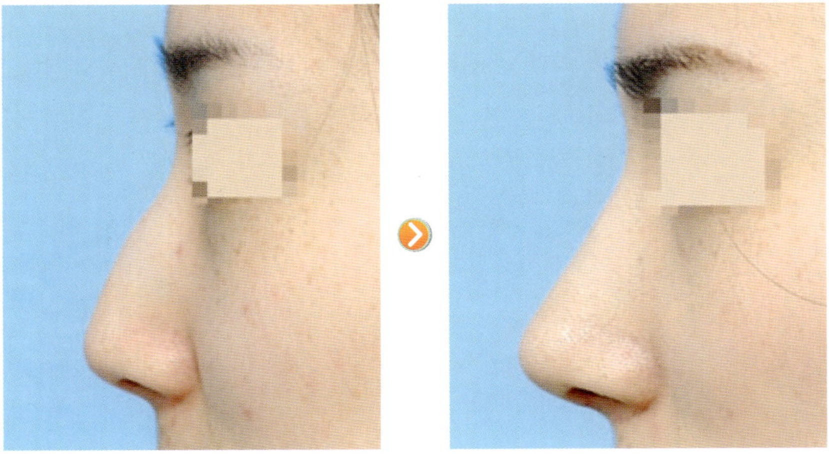

그림 8-4 매부리코 성형 전과 후

3. 안면윤곽 성형

윤곽을 교정하므로 안면윤곽 교정술이라고도 한다. 주로 주걱턱이나 사각턱·광대뼈를 수술하여 얼굴 형태를 바꾼다. 뼈를 잘라내어 교정하는 수술과 얼굴에 지방 또는 인공삽입물을 보충하거나 특정 부위의 지방을 제거하여 교정하는 수술이 있다.

안면윤곽 성형수술의 종류는 다음과 같다.

(1) 사각턱 성형술

옆턱이 각이 져서 튀어 나온 아래턱을 달걀형으로 다듬는 수술로 앞모습도 크기가 작아지게 하는 수술이다.

(2) 광대뼈 축소술

광대뼈 모양의 형태로는 앞으로 돌출된 형태, 옆으로 튀어나온 형태, 또는 앞과 옆으로 동시에 튀어나온 형태가 있다. 한국인의 경우 광대뼈가 옆으로 돌출되어서 얼굴이 넓어 보여 옆방향 돌출을 얼마나 잘 교정하느냐가 가장 중요하다.

(3) 돌출입 성형술

잇몸 뼈가 돌출되어서 구강이 돌출되어 보이는 경우 치아를 발치한 후에 그 공간만큼 잇몸 뼈를 절골하여 뒤로 밀어넣는 방법의 수술이다. 수술 전후 치과적 교정치료가 필요하다.

(4) 주걱턱 성형술

하악과 상악을 절골하는 수술로서 아래턱이 윗턱보다 길고 돌출된 주걱턱, 좌우 균형이 맞지 않는 안면 비대칭 얼굴, 길이가 비정상적으로 긴 얼굴의 경우, 아래와 위 치아의 교합이 맞지 않아 음식을 씹을 때 불편을 주기도 하므로 주걱턱 성형술로 미용적인 차원뿐 아니라 건강을 목적으로 교정할 필요가 있다. 돌출입 성형술과 마찬가지로 수술 전후 치과적 교정치료가 필요하다.

(5) 이마 윤곽술

이마가 꺼진 경우에 볼륨감 있는 이마를 만들기 위해 미리 이마 모양을 본 떠 만든 실리콘을 이마에 삽입하거나 자신의 지방을 채취하여 이마에 이식하는 수술이다.

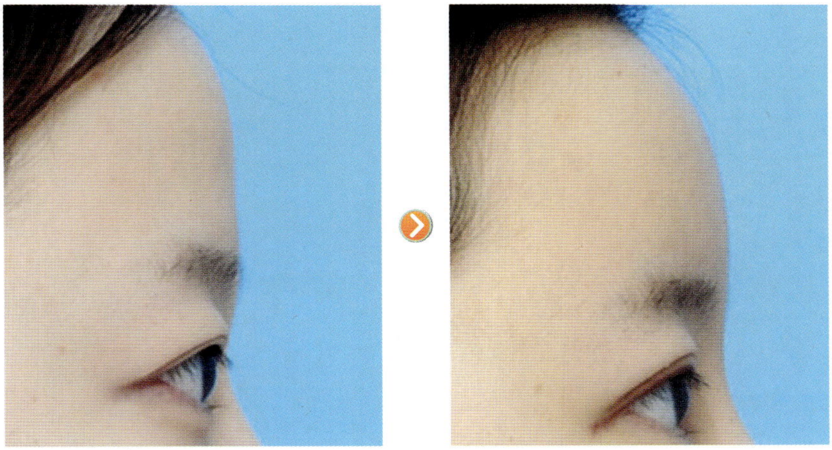

그림 8-5 이마 보형물 삽입 전과 후

(6) 무턱교정술

턱끝 발달이 미약하여 턱끝이 뒤로 빠져 있거나 길이가 충분하지 못한 경우 무턱이라고 한다. 이는 입이 튀어나와 있는 듯한 느낌을 주고 얼굴 전체의 대칭을 저해하는 경우가 많아 수술적 개선이 필요하다.

가지고 있는 턱의 모양에 따라 높이과 넓이를 결정해 보형물을 삽입하는 방법, 자신의 지방을 채취하여 이식하는 방법 그리고 턱끝 뼈를 절골을 하여 앞으로 빼거나 밑으로 당기는 방법 등이 있다.

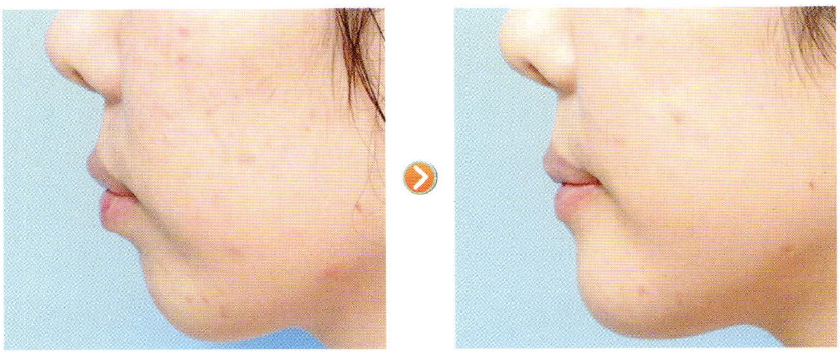

그림 8-6 턱 보형물 삽입 전과 후

(7) 주름 성형술

얼굴 부위의 피부조직의 처짐과 탄력의 감소로 늘어진 피부나 근육을 당겨 여유 있는 조직을 제거하고 봉합하는 수술이다. 주름 성형의 종류는 부위에 따라 달라지는데 안검 성형술, 이마주름 성형술, 안면 거상술, 목주름 성형술이 있다.

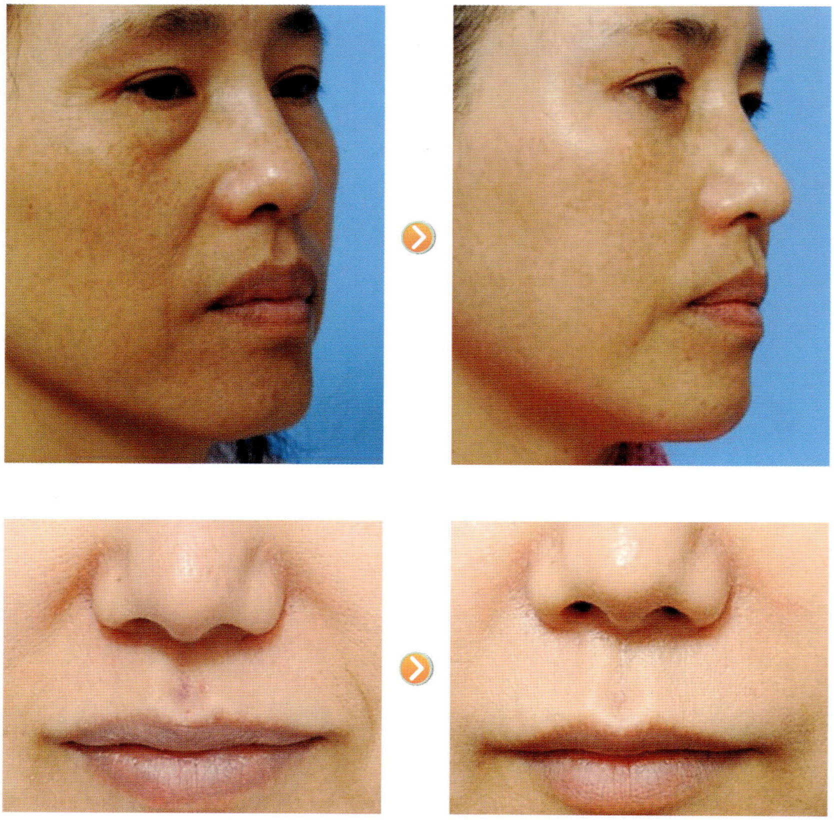

그림 8-7 안면거상 성형 전과 후

(8) 지방이식 및 흡입수술

신체의 지방이 많이 있는 부분을 얼굴 또는 가슴, 그 밖에 부족한 부위에 채우거나 제거하는 수술로 지방이식의 경우 생착률을 높이기 위해 전처리과정인 원심분리가 필요하다.

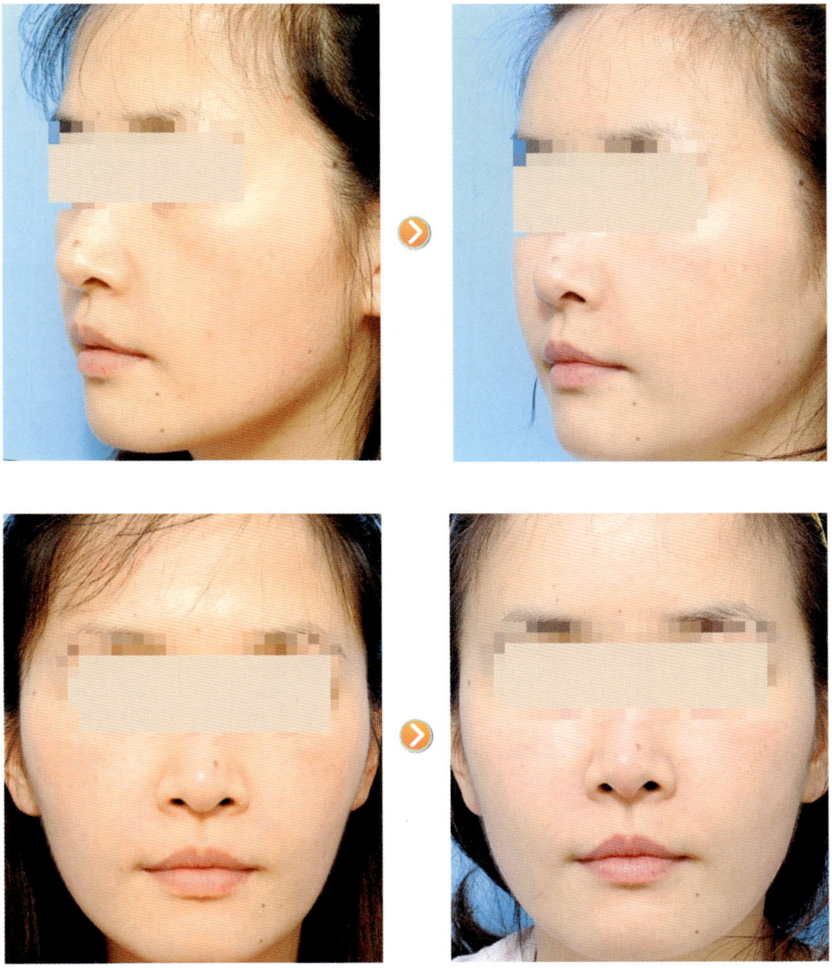

그림 8-8 지방이식 성형 전과 후(측면, 정면)

5. 성형수술 후 부작용

성형 후 붓기가 일어나는 원인은 크게 염증반응과 순환문제이다. 첫 번째로 염증반응은 성형수술 후 생기는 염증에 의해 나타나는 반응인데 성형수술을 하면 수술부위에 상처가 생기므로 몸에 난 상처를 치료하기 위해 수술 부위에 많은 혈액을 공급한다.

짧은 순간에 많은 피가 상처 부위에 몰리게 되면 그 부위가 붓게 되는 것이 바로 염증 반응으로 인한 성형 후 붓기가 된다.

두 번째로는 순환문제인데 성형수술을 하게 되면 수술 부위의 모세혈관과 림프관에도 손상이 오게 된다. 이렇게 되면 모세혈관에서 조직, 조직에서 림프관으로 이어지는 신체의 순환에 이상이 생긴다.

다시 말하면 모세혈관을 지나서 조직에 산소와 영양분을 전달하는 물질인 간질액이 다시 림프관으로 돌아가지 못하게 됨으로써 조직 내에 간질액이 많아지면서 조직이 붓게 되는 것이 순환문제로 인한 성형 후 붓기가 된다.

6. 성형수술 후 붓기 관리

성형수술 후 붓기 관리로 가장 많이 하는 것은 찜질팩이라 할 수 있다. 수술 후 48시간 동안은 혈관이 확장될 경우 출혈을 해서 멍이 더 들 수 있고 체액이 조직 쪽으로 나오기 때문에 수술 후 차가운 찜질로 혈관을 수축시켜 붓지 않게 하여야 하며, 수술 후 48시간 후에는 반대로 더운 찜질을 해서 혈관을 확장시켜 멍과 붓기가 빨리 빠지도록 하는 것이 좋다.

혈관이 확장될 경우 혈액이 수술 부위에 많이 가서 영양분을 많이 공급하므로 조직 재생에 도움이 된다. 그 외에 붓기 관리방법은 다음과 같다.

1. 림프 마사지

붓기가 있는 조직에 림프 마사지를 적용하면 정상적인 림프관이 자극이 되어 부종액이 림프관을 통하여 흡수가 잘 되는데 림프관의 기능을 활성화해서 정상적인 경로로의 부종액 흡수를 촉진시킨다. 림프 마사지를 하면 수술 후 림프관이 손상되어도 부종액 흡수가 잘 된다. 수술부위의 모세혈관으로 부종액의 재흡수가 정상적인 상태보다 더욱 촉진되고 거미줄처럼 연결된 모세림프선을 통하여 조직액을 원활하게 제거시킬 수 있는 효과가 있다.

또한 평활근으로 잘 발달되어 있는 전모세혈관 괄약근은 수축하고 있는 동안은 모세혈관으로 혈액이 들어갈 수 없고 이완하는 경우에만 들어갈 수 있는데 이때 림프 마사지를 적용하게 되면 자율신경계 중에 교감신경의 기능이 저하됨으로써 전모세혈관의 확장을 유도시킬 수 있어 모세혈관으로 혈액이 분산되게 해서 원활한 조직액의 감소를 더욱 유도할 수 있다. 이 때문에 수술 후 림프마사지를 하게 되면 부어 있는 부위에 부종액의 감소로 붓기 완화에 도움이 된다.

2. 아로마 마사지

향기요법은 다양한 종류의 나무, 식물, 풀, 과일 등의 순수 자연에서 추출한 방향성 오일인 정유를 질병예방 및 건강과 아름다움의 유지증진에 이용하는 자연요법이다. 효능으로는 순환을 촉진시키고, 면역계를 강화시키며, 근육긴장과 근육통을 완화시켜 줌으로써 근육의 유연성을 증가시키고 늘어진 근육에 힘을 가해주며 지방이 쌓인 것을 파괴하고 조직 안에 있는 부산물을 배출시켜 주고, 신체 이완을 증가시킨다. 이로서 성형수술 후 아로마 마사지를 하게 되면 붓기에 대한 불안과 염려를 완화시킬 수 있고, 통증 케어 및 심리적 안정을 위해 병행하여 시행하면 보다 나은 결과를 볼 수 있다.

3. 스킨 마스터

수술 후 며칠 동안은 세안을 못하기 때문에, 쌓이는 피지와 각질을 제거해 줌으로써 부드러운 피부로 만들며 붓기로 인해 넓어진 모공을 줄여 주고, 콜라겐과 엘라스틴 생성을 유도하여 탄력 있는 피부로 가꾸어 준다.

4. 초음파 관리

초음파 마사지기 작용이 세포 단위까지 도달하여 피부 세포를 활성화하고 근육을 풀어 준다. 그리고 진동에 의한 마찰열은 피부 온도를 0.5~1℃ 정도 상승시켜 혈액과 림프의 순환을 좋게 하여 부종액의 흡수를 도와준다. 수술 후 붓기의 빠른 흡수와 딱딱해진 피하조직을 부드럽게 풀어 주어 회복을 빠르게 도와주며, 수술 후 제거되지 않고 남은 지방조직을 고루 분포하도록 만들어서 수술 후 울퉁불퉁한 것을 완화시키며 피부 탄력을 증가시켜 준다.

5. 고주파 관리

고주파 관리는 인체에 무해한 고주파를 피부에 깊게 투입하여 고주파 열을 통해 주변 조직의 온도가 올라가게 하여 세포의 기능을 증진시키고 그에 따라 혈액순환을 촉진시켜 주며 또한 콜라겐과 엘라스틴의 합성을 도와줌으로써 피부 조직 자체가 건강하게 해 준다. 수술 후 뭉친 조직의 이완과 부종 완화 및 통증 완화에 탁월한 효과가 있어 붓기나 멍이 빨리 회복되도록 도와준다.

그 밖에 손상된 신경의 활성화 및 혈관 형성을 도와주며 피부 재생을 촉진시켜 상처 치유 효과를 주며, 동시에 주변 혈액순환을 촉진시켜 막힌 림프를 뚫어 줌으로써 붓기 제거에 효과적인 LED 레이저가 있다. 또한 독소 및 노폐물을 배출시켜 깨끗한 피부를 유지시켜 주며 붓기 완화, 근육통증 완화, 또한 혈액순환을 촉진시켜 세포 면역력을 크게 높이는 적외선도 있다.

7. 성형수술 후 관리 시 주의사항

① 각각의 수술에 따라 적용하는 관리 방법을 숙지하도록 한다.

② 수술 부위가 아프기 때문에 고객을 관리할 때는 주의를 기울이며 관리하도록 한다.

③ 상처에 붙어 있는 테이프를 제거할 때에는 피부가 벗겨지지 않도록 주의를 기울인다.

④ 수술 후 상처 부위에는 물이 닿지 않도록 하고 실밥을 제거하지 않은 상태로 관리가 이루어질 때에는 상처 부위에 관리 시 필요한 오일이나 젤이 닿지 않도록 한다.

⑤ 수술 후에는 피부의 감각이 떨어지므로 뜨거운 것은 피하고 기기 관리 시에도 오랫동안 방치하지 않도록 한다.

⑥ 관리가 끝나면 상처 부위를 소독하도록 한다.

Chapter 9

병원 코디네이터와 서비스 매너

Chapter 9

병원 코디네이터와 서비스 매너

1. 병원 코디네이터

병원 코디네이터의 개념

병원 코디네이터는 병원의 의료외적 서비스 품질을 높이기 위해서 병원의 본래 업무인 진료 이외에 병원의 분위기를 밝게 연출하고 병원 마케팅, 고객상담, 직원교육 등의 업무를 맡으며 분야와 분야, 부서와 부서 간의 관계를 조정, 중재 및 관리하는 병원 서비스 전문가이다. 1992년 '예치과'에서 시작되어 전체 의료기관으로 확산되고 있다.

(1) 병원 코디네이터 종류

병원 코디네이터는 담당하는 업무의 성격에 따라서 진료상담, 기록, 리셉션, 통역, 의료관광 코디네이터 등으로 구분된다.

소규모의 병·의원에서는 한 사람이 모든 역할을 담당하기도 하나, 대규모 병원에서는 세분화되어 더 많은 인원이 역할을 담당하고 있다.

1) 리셉션 코디네이터

병원을 찾는 고객이 처음으로 대하는 리셉션 코디네이터는 병원의 첫인상을 좋은 이미지로 줄 수 있도록 밝고 맑은 목소리와 좋은 인상, 품격 있는 언어와 태도를 갖추어야 한다. 리셉션 코디네이터는 고객의 접대와 관련된 서비스의 역할을 한다. 병원을 방문한 고객과 동반고객을 맞는 것이 주된 업무이다.

2) 진료상담 코디네이터

진료상담 코디네이터는 진료실의 직원들을 통솔하고 의사의 진료가 원활히 진행될 수 있도록 치료계획, 진료와 상담에 관한 업무를 책임지는 역할을 하며 진료실과 대기실을 연결해 주고 사후관리를 한다.

3) 마케팅 코디네이터

병원의 강점과 약점을 파악하고 병원 서비스를 향상시킬 수 있는 방안을 기획하는 업무를 담당하며 병원경영을 위한 마케팅 전략도 계획한다.

4) 통역 코디네이터

외국어 실력과 서비스 능력을 겸비한 통역 코디네이터는 의료시장의 개방에 따라 그 필요성이 더욱 증가할 것으로 예상된다.

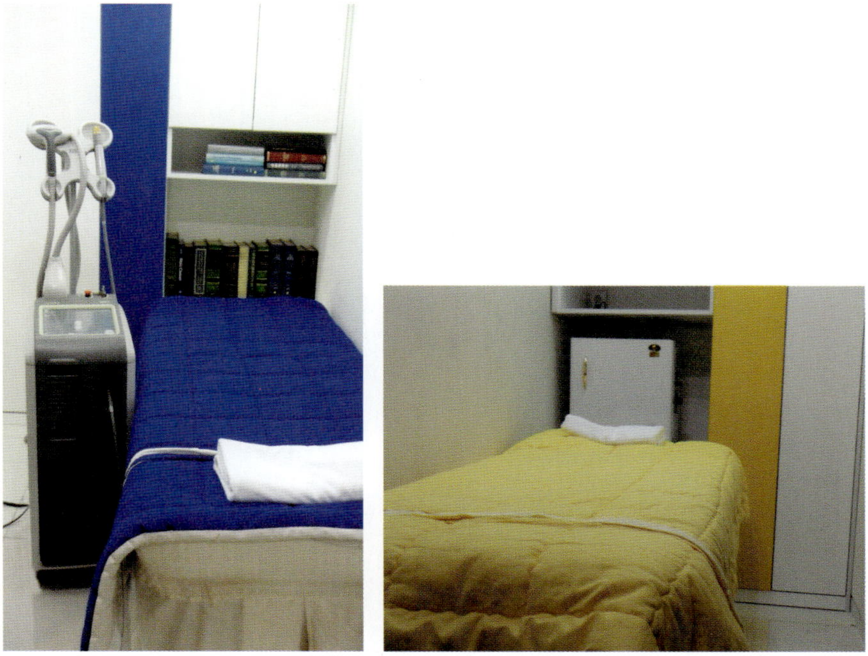

그림 9-1 레이저 시술 전후 처치실

2. 고객만족을 위한 서비스 매너

고객이 필요로 하고, 원하고 추구하는 것을 최대한 만족시켜 주는 상대방에 대한 자기의 정성과 노력을 서비스라고 한다.

서비스의 중요성과 서비스 매너를 잘 이해하며 고객 서비스를 충실하게 하면 병원 코디네이터로서 성공할 수 있게 된다.

(1) 성공습관

① 좋은 습관은 반복된 연습을 통하여 이루어진다.

② 긍정적인 마음으로 긍정적인 언어를 사용하도록 노력한다.

(2) 서비스 실천

1) 병원 코디네이터에 적합한 용모관리

좋은 외모란 고혹적이고 아름다운 미인을 말하지 않는다. 즉 깨끗하고 호감가는 인상으로 고객이 느낄 수 있는 모습을 말한다.

① 유니폼

- 유니폼은 깨끗하고 구김이 가지 않게 유지한다.
- 유니폼은 단추나 호크가 떨어져 있지 않아야 한다.

② 화장

- 화장은 자연스럽게 꼭 해야 한다.
- 너무 화려한 화장은 삼간다.
- 입술 화장은 내추럴한 립글로스를 삼가고 색깔 있는 것을 사용한다.

③ 두발

[긴 머리]

- 긴 머리는 머리망을 이용하여 단정하게 묶는다.
- 잔머리가 머리망 밖으로 나오지 않도록 단정히 하기 위하여 젤이나 스프레이를 사용한다.
- 잔머리 고정을 위해 사용하는 핀은 검정색으로 통일한다.

[짧은 머리]

- 뒷머리 길이는 유니폼 깃에 닿지 않아야 한다.
- 단정하게 보이지 않는 퍼머 머리는 삼간다.

④ 청결한 신체

땀냄새나 입냄새 등이 나지 않도록 중요한 신체의 청결을 유지하여 고객과 기분 좋은 만남을 가져야 한다.

⑤ 액세서리

- 지나친 액세서리 착용을 삼간다.
- 액세서리는 3개를 넘지 않도록 한다.
- 귀걸이는 늘어진 것을 하지 않고 부착형으로 착용한다.
- 너무 크거나 화려하지 않은 것으로 착용한다.

⑥ 양말 및 스타킹

- 스타킹은 커피색이나 살색 등 자연스러운 색상을 착용한다.
- 양말은 무늬나 레이스가 없는 백색 양말을 착용한다.

⑦ 명찰

- 지정된 명찰을 착용한다.
- 반듯하게 위치하도록 유니폼에 잘 착용한다.

그림 9-2 단정한 용모

2) 병원 코디네이터의 기본자세

병원 코디네이터의 정돈된 모습과 매너는 병원을 방문하는 고객에게 안정감과 믿음을 주는 중요한 요소이기에 지속적으로 자신을 점검하는 노력이 필요하다.

- 항상 긍정적인 사고방식을 갖도록 노력하며, 언제나 감사하는 마음을 가지면 밝은 표정과 친절한 목소리를 갖게 된다.
- '아' '에' '이' '오' '우' '마' '미' '무' '메' '모' '하' '히' '후' '헤' '호' 를 연습하면 도움이 된다.
- 품격있는 모습을 갖도록 노력하며, 바른 품성으로 자신과 함께하는 모든 사람에게 행복을 전달한다.
- 경청하는 자세로 긍정의 대화를 하며 고객이 말을 더 많이 할 수 있도록 유도한다.

(3) 서비스 매너

1) 인사법

인사는 마음과 마음의 첫 만남이고 인간관계의 출발점이다. 상황에 맞는 인사말과 올바른 자세로 인사를 한다. 남을 위해서 하는 인사는 무엇보다도 자신의 삶을 즐겁고 행복하게 해주며 좋은 이미지 형성에 큰 도움을 준다.

① 올바른 인사법

- 여성은 양손을 가볍게 앞으로 모으고 인사한다.
- 남성은 바지 옆선에 양손을 가볍게 붙이고 인사한다.
- 인사말은 몸을 구부리면서 하고, 인사말이 끝났을 때 몸을 일으킨다.

② 인사의 종류

- 목례 : 허리를 약 15도 굽혀서 하며 엘리베이터나 복도 등 좁은 장소에서 가벼운 인사로 친절함을 표현한다.
- 보통례 : 허리를 약 30도 굽혀서 공손한 말과 함께 하는 인사이다.
  가장 기본이 되는 인사로, 손님을 대할 때 하는 인사이다.
- 정중례 : 두 손을 몸쪽으로 모으고 허리를 45도 굽혀서 하는 정중한 인사로 상대방에게 최대한의 성의를 표하는 인사로 중요한 손님을 대할 때 하는 인사법이다.

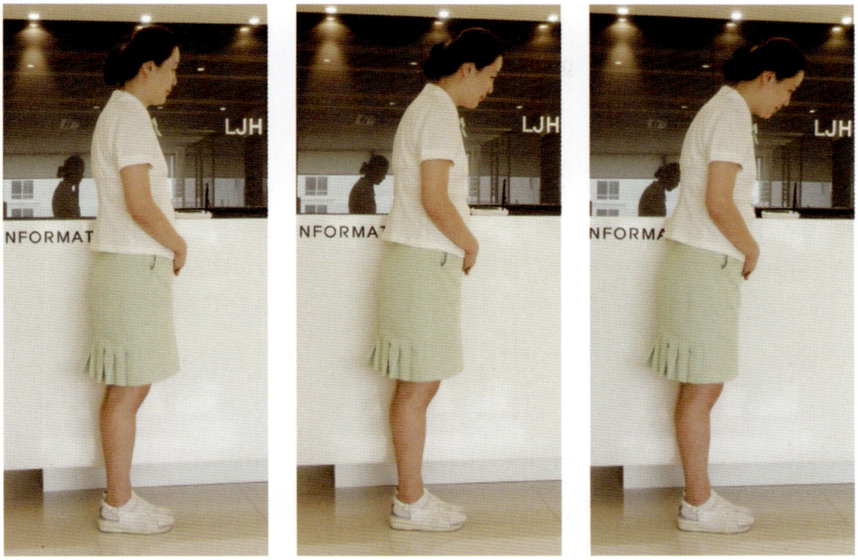

그림 9-3 인사의 종류

2) 자세와 동작

바른 자세와 멋진 동작은 상대방에게 좋은 느낌을 준다. 좋은 자세를 위해서 등줄기를 곧게 펴고 마무리 동작을 천천히 하면 한층 더 아름답고 예의바른 모습으로 보인다.

① 서 있는 자세

- 몸의 중심을 잘 잡고 발 뒤꿈치를 붙인다.
- 무릎과 엉덩이 및 허리를 곧게 펴고 배에 힘을 준다.
- 손은 공수자세, 또는 손가락을 가지런히 모아서 자연스럽게 양옆으로 내린다.
- 가슴을 자연스럽게 편다.

② 앉은 자세

- 발끝을 가지런히 모아 정면을 향하게 하고 발끝이 조금 앞으로 나오게 한다.
- 두 손을 가지런히 펴서 두 무릎 위에 얹거나, 모아 잡은 손을 남자는 중앙에, 여자는 오른쪽 다리 위에 얹는다.
- 허리를 펴서 바른 자세를 하고 의자에 기대어 앉지 말고 등받이와 등 사이에 주먹 하나가 들어가게 앉는다.

③ 걷는 자세

- 팔을 적게 젓고, 보폭도 작게 하며 걷는다.
- 특별하게 위급한 상황이 아니면 절대로 실내에서 뛰지 않는다.
- 소리가 나지 않는 구두를 신는다.

3) 악수

① 상대방의 눈을 마주보고 허리를 반듯하게 펴고 오른손으로 악수한다.

② 악수는 윗사람이 아랫사람에게 청한다.

③ 여성이 남성에게 먼저 청하는 것이 원칙이다.

④ 손끝만으로 악수하는 것은 올바르지 않다.

4) 명함 교환

① 명함은 명함지갑에 거꾸로 넣어두어서 상대방에게 바로 전해지도록 한다.

② 자신을 소개하면서 명함을 건넨다.

③ 아랫사람이 윗사람에게 먼저 건네고 건네는 위치는 가슴 높이가 적당하다.

④ 명함은 두 손으로 잡고 본다.

5) 올바르게 말하는 법

① 평상시에 말하는 톤보다 한 톤을 높이는 것이 좋다.

② 정확하게 발음하고 속도 조절을 하여 너무 빠르게 말하지 않는다.

③ "다까체"를 사용하여 "…입니다" "…입니까" 로 끝나게 하고 "요조체" 인 "…그랬어요" "그렇죠" 로 끝나는 말을 사용하지 않는다.

6) 대화의 기본자세

① 듣는 사람의 눈을 부드럽게 바라본다.

② 밝은 표정을 하며 상황에 따라 융통성 있게 대처한다.

③ 적당한 제스처를 사용한다.

④ 등을 펴고 곧은 자세를 유지한다.

⑤ 입 모양과 발음을 정확하게 한다.

⑥ 알기 쉽고 친절한 말씨와 경어를 사용한다.

⑦ 적당한 속도와 경쾌한 음성으로 한 톤 올린 목소리가 좋다.

⑧ 진심이 담긴 마음으로 성의와 신의를 가지고 대화한다.

⑨ 언제나 여유만만하게 긍정적인 마인드로 대화에 유머를 활용한다.

7) 전화 대화

전화는 보이지 않는 얼굴이다. 항상 친절하고 예의 바르게 전화 응대를 하는 자세가 필요하다.

① 전화 받기의 기본

- 고객을 맞이하는 마음으로 전화기를 든다.
- 벨소리가 3번 울리기 전에 받는다.
- 발음은 정확하고 밝게 한다.
- 전화를 받으며 친절한 말씨로 인사와 함께 자신의 소속과 성명을 밝힌다.
- 메모 준비를 하고 용건을 경청한다.
- 내용은 간단하고 명료하게 한다.
- 상대방의 말을 잘 경청하며 성실하게 답변을 한다.
- 전화를 끝낼 때에는 끝인사를 하고, 상대방이 전화를 끊은 후에 수화기를 놓는다.

그림 9-4 전화 대화

② 주의사항

- 3번 이상 울린 후 받는 경우는 사과의 말을 먼저 한다.
- 친절하고 성의 있는 태도로 임한다.
- 전문용어를 사용하지 않는다.
- 자신의 업무가 아닌 경우에도 성의 있게 대한다.

③ 상대를 기다리게 하는 법

- 기다려야 하는 이유를 먼저 설명한다.
- 기다리는 시간이 길어지는 경우 다시 한 번 설명한다.
- 전화를 연결하며 기다려준 것에 대한 감사 인사를 전한다.

④ 전화를 다른 사람에게 바꾸어 주는 법

- 상담 전화의 경우 상대방에게 적합한 다른 사람에게 바꾸어 주는 이유를 설명한다.
- 전화를 돌려받는 사람에게 전화를 건 사람의 용건과 이름을 잘 전달하여야 한다.

⑤ 메시지를 남기는 법

- 전화받는 사람이 자리에 없는 경우 정확하게 이유를 설명한다.
- 상대방의 이름과 용건 등을 메모하고 다시 한 번 복창하여 확인한다.

Chapter 10

의료 미용 관광

Chapter 10

의료미용관광

1. 의료관광의 개념

의료관광은 산업적 관점에 따라 다양하게 정의할 수 있다. 먼저 의료관광을 융복합(convergence)상품으로 보고 의료 서비스와 휴양, 레저, 문화 활동 등의 활동이 결합된 것으로 보는 관점이 있다.

또, 특별한 흥미가 있는 관광(special interest tourism) 중 하나로 건강과 관련된 관광(Hall, 1992), 건강상태를 개선시킬 목적으로 집을 떠나 행하는 레저 형태(Eric, 1996)로 보는 관점이 있다.

2009년 5월 의료법 개정을 통해 해외 외국인 환자의 국내유치 활동이 허용되었다. 그 동안은 민간자격 시험으로 의료관광 전문 코디네이터가 양성되었으나 2011년 보건복지부 소관 자격 종목으로 의료관광분야 국제의료관광 코디네이터를 신설하였으며 2013년부터 국제의료관광 코디네이터 국가기술자격시험이 실시되고 있다.

2. 의료관광의 현황

의료수준과 의료안전법이 표준화되고 해외이동이 수월해지면서 고령화 사회로 진입한 나라에서는 글로벌 의료서비스에 대한 수요가 증가하게 되었다. 이에 대응하여 한국정부는 부가가치가 높은 의료관광분야에 관심을 가지고 신성장 동력산업으로 육성하고 있다. 2009년 의료법을 개정하여 외국인 환자의 유치를 허용하면서 2009년 의료관광객은 60,201명, 2010년 71,789명, 2011년에는 11만 명을 넘어섰다.

2011년 한국보건산업진흥원의 통계에 의하면 2010년 외국인 환자의 진료과별 현황은 피부·성형외과(14.0%), 내과(소화기내과, 순환기내과 등)(13.5%), 검진센터(13.1%), 가정의학과(9.8%), 산부인과(5.6%), 정형외과(4.9%) 순으로 피부·성형외과가 가장 높은 비중을 차지하고 있다.

특히 서울 지역은 건강검진, 메디컬 스킨케어, 성형 및 한방이 주요 진료 부문으로 자리잡고 있다. 메디컬 스킨케어 및 성형 시술을 받고자 하는 외국인 환자는 일본인 및 중국인의 비율이 높고, 20~30대 여성으로 비즈니스나 관광목적으로 입국했다가 의료서비스를 받기 위해 방문하는 사례가 많은 것이 서울 지역 의료관광의 특징이다.

이에 발맞추어 압구정동, 청담동 등 성형외과가 밀집된 지역을 중심으로 의료관광객 유치를 위한 의료관광특구 지정이 추진되고 있으며, 강남구와 중구가 적극적으로 추진하고 있다.

질병치료를 위한 의료서비스뿐 아니라 아로마테라피나 마사지요법 등을 체험하는 웰빙(well-being)과 각국의 전통의료를 체험하는 육체적 정신적 휴식을 위한 관광도 늘어나고 있는 추세다.

1. 주요 의료관광객의 국가별 선호과목

구분	중국	일본	극동 러시아	미국	몽골, 중국 등
접근성	좋음	좋음	좋음	좋지 않음	보통
한국의료수가	높음	낮음	높음	낮음	높음(일부 낮음)
한국의료수준	높음	일부 높음	높음	비슷함	높음
의료관광의 NEEDS	우수의료 기술체험	안전성이 보장되는 간단한 서비스 위주 NEEDS	우수의료기술체험 및 건강서비스 NEEDS 높음	낮은 가격으로 치료목적	우수의료 기술체험
선호부문	성형/ Medical Skin Care	한방/ Medical Skin Care	기타 중증치료/ 한방	건강검진/ 기타 중증치료	기타 중증치료

2. 의료관광의 상품별 특성

상품	특성	프로그램	타겟 국가
Medical Treatment Tour	치료 및 수술	음식을 이용한 치료	일본
		근육통 / 요통, 양방치료 패키지	
		척추 등 외과수술, 장기이식 및 심장수술 등 중증치료와 휴양 / 회복 패키지	미국
		성형, 성형시술과 휴양 / 회복 패키지	중국
Health/ Wellness Tour	건강검진 등 간단한 치료	친환경적 자연관광지에서 환자의 휴식과 회복을 돕는 프로그램	미국
		피부관리, 건강진단 패키지	중국
		한방 및 인삼을 이용한 체질개선 프로그램	일본
Medical Skin Care Tour	스파, 마사지, 피트니스 등	쇼핑과 관광 위주의 단기 Spa 프로그램	러시아
		• 건강식품, 온천, 마사지 등 의료사고 확률이 적은 프로그램 • 웰빙상품 패키지, 뷰티 앤 헬스 패키지 • 골프, 시골여행, 템플스테이 패키지	일본

3. 한국의 의료관광 정책

2008년 5월 외국인 환자 유치와 알선행위를 허용하는 의료법 개정으로 유치의료기관 및 유치업자의 등록을 의무화하는 법안을 마련했다. 또 2009년 1월 의료 등 고부가 서비스산업을 전략사업으로 육성하기로 하고 의료관광 원스톱센터 설치 등 의료관광 사업을 집중 육성하기로 하였다.

(1) 의료관광객 유치 현황 및 유치 목표

(단위: 만 명)

연도	의료관광객	관광객	의료관광객/관광객
2008	2.7	689	0.004
2009	5	750	0.007
2010	7	830	0.008
2011	10	910	0.01
2012	14	1,000	0.014
2013	2	1,100	0.018

(2) 의료관광 수입과 지출 추세

(단위: 미화)

연도	수입	지출
2007	6750만	1억 3730만
2008	6980만	1억 2900만
2009	8270만	9580만
2010	8950만	850만
2011	1억 1560만	910만

3. 의료미용관광

1. 미용성형, 한방 등의 의료관광 주요상품

주요진료과는 피부과, 성형외과와 한방병원이며 주로 중국, 일본, 미국, 동남아에서 방문하며 평균 진료비는 피부미용 40만 원, 한방 120만 원, 미용성형 200만 원으로 집계된다.

① 가슴 성형 : 유방확대/축소(Breast Augmentation & Breast Reduction)
② 눈 성형 : 쌍꺼풀 수술/눈밑 지방 제거(Double Eyelid Surgery & Blepharoplasty)
③ 코 성형(Rhinoplasty)
④ 몸매 성형 : 지방흡입(Liposuction)
⑤ 얼굴 성형 : 안면 성형/주름제거(Facial Contouring & Face Lift & Botox/Filler)
⑥ 레이저 시술(Laser Resurfacing)
⑦ 메디컬 스킨케어(Medical Skincare)
⑧ 해독(Detox)
⑨ 아토피(Atopic Dermatitis)
⑩ 비만(Obesity)

2. 성형피부상품 프로그램 예시

과목	세금포함 비용	시간
유방확대 (Breast Augmentation)	$7,000 ~9,000 (USD)	• Hospital Admission: 1 night • Duration of operation: Two to three hours • Anesthetic: General anesthesia • Recovery: 2 weeks
유방축소 (Breast reduction)	$7,000 ~ $13,000 (USD)	• Duration of operation : Two to four hours • Anaesthetic : General anaesthesia • Hospital Admission : 2 night
쌍꺼풀 수술 (Double eyelid Surgery)	• Non incisional double eyelid op: $1,000~$1,200 (USD) • Partial incisional double eyelid op: $1,200~$1,500(USD) • Incisional double eyelid op:$1,200~ 1,700(USD)	• Duration of operation: • Non incision : 20 min • Partial incision: 40 min • Full incision: 40 min
코 성형 (Rhinoplasty Surgery	• Primary Rhinoplasty : USD $ 3,000~8,000 • Revision Rhinoplasty : USD $ 10,000~15,000 • Ethnic Rhinoplasty : USD $ 5,900 • Silicone implant+tip plasty+ear cartilage+nasal bone surgery : US $ 3,000~5,000 • Nostril base reduction : US $1,500~3,000 • Paranasal augmentation-silicone : US $ 1,500~2,000 • Paranasal augmentation-Goretex : US $ 2,000~2,300 • Nasal Bridge Correction Surgery(total nosejob) : $3,000~$5,000	• Duration of operation: 2~3 hours • Anesthetic: Local anesthesia or general
지방흡입 (Liposuction)	• Liposuction-calf : US $ 3,000~3,200 • Liposuction-arm : US $ 2,500~3,200 • Liposuction-flank : US $ 3,500~3,800 • Liposuction-thigh : US $ 4,500~6,000 • Liposuction-hip : US $ 3,500~3,800 • Liposuction-abdomen(part) : US $ 3,000~3,200 • Liposuction-abdomen(whole):US $ 4,000~6,500 • Liposuction-neck, cheek, chin, and jowls : US $ 2,500~5,000 • Liposuction-ankle: US $ 4,000~8,000	• Duration of operation: 2~3 hours • Anaesthetic: Local anaesthesia or general • Hospital admission: 1~2 night stay
안면성형 (Facial Contouring)	• Jaw reduction (mandible reduction) US $4,500~6,500 • Cheek bone reduction (zygoma reduction) US $4,500~6,500 • V line (Osteotomy) US $4,500~10,000 • Chin advancement (genioplasty) US $3,500~5,500 • Chin augmentation (zygoma augmentation) US $3,500~5,500 • Chin correction (prognathism correction) US $15,000~22,000	• Duration of operation: 2~3 hours • Anaesthetic: Local anaesthesia or general • This is a routine Facial contour Procedure Package with 1 night length of stay in hospital

과목	세금포함 비용	시간
주름 제거 (Face Lift)	• Face lift (face & forehead) US $12,000~US$16,000 • Face lift (neck lift) US $3,000~US$3,800	• Duration of operation: 2~3 hours • Anaesthetic: Local anaesthesia or general • Hospital stay: 1 night
주름 제거 (Botox & Filler)	• Botox (forehead, crow's feet, mandible, glabella) • per site USD $ 300~$ 320 • Fillers(Restylane): USD$ 800~$ 1,600	
레이저 시술 (Laser Resurfacing)	• Skin tightening laser package: $1,800 • Acne treatment laser package:$1,800 • Whitening laser package: $1,800	
메디컬 스킨케어 (Medical Skincare)	• Naturally Clean and White Face Course : USD$ 100 per session • Smiling Skincare Course: USD$ 100 per session • Elastic Skincare Course: USD$ 100 per session • Celebrity Skincare Course: USD$ 200 per session	

3. 한방상품 프로그램 예시

과목	비용과 시간
해독 (Detox)	• DETOXIFY YOUR BODY AND SOUL: Duration : 2 hrs Price : US$190.00 • DETOX THE AGE: Duration : 3 hrs Price : US$600.00 • HERBAL DETOX SPA: Duration : 180 min Price : US$400.00
아토피 (Atopic Dermatitis)	3 Month course • Airport greeting and transportation to medical center • Oriental Medicine tailored for your condition • Take home medicine (2 months) • Oriental Medicine Skin Moisturizers • Diet consulting and guidance • Acupuncture / Cupping / Moxa treatment • 7 night stay in our hospital (companion can stay in room for no extra cost) • All meals (companion meals for extra cost) • Nursing assistance throughout stay • Visa and Travel document assistance • Comprehensive Medical Report • Translation services We recommend that you stay in Korea for 2 weeks to 1 month
비만 (Obesity)	Oriental Medicine 1 month Acupuncture and herbal body sculpting Price : $1000 USD We recommend that you stay in Korea for 2 weeks to 1 month

4. 한방미용/에스테틱 상품

(1) 미(美)후(后)스토리 안티에이징 프로그램 (4시간)

① 진찰 → 순환침 → 복부 해독 테라피 → 등 릴랙스 테라피 → 왕뜸 → 미용침 → 안면재생관리

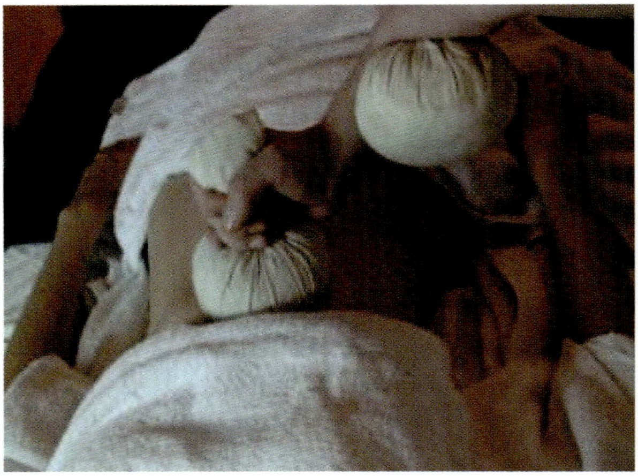
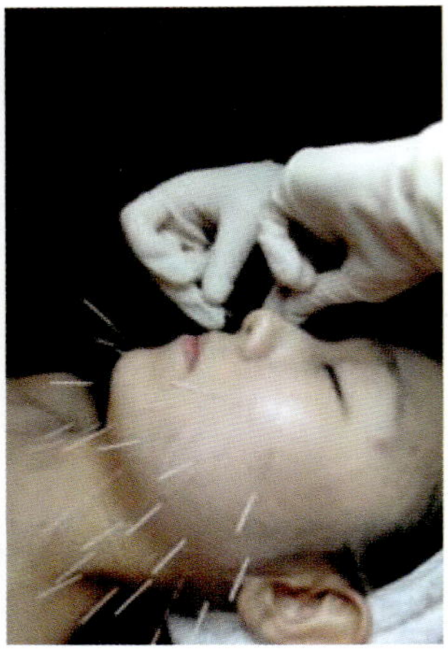

자료제공 : 한국관광공사

그림 10-1 안티에이징 프로그램

(2) Traditional Korea Medicine Diet (전통 한방 다이어트)

① 삼투압 원리를 이용한 노폐물 배출 다이어트(90분)

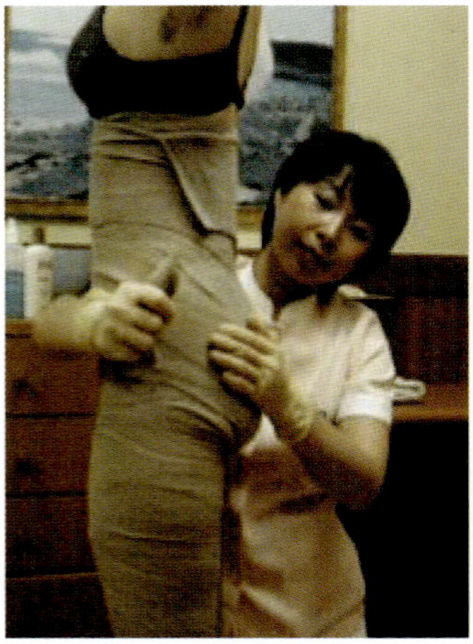
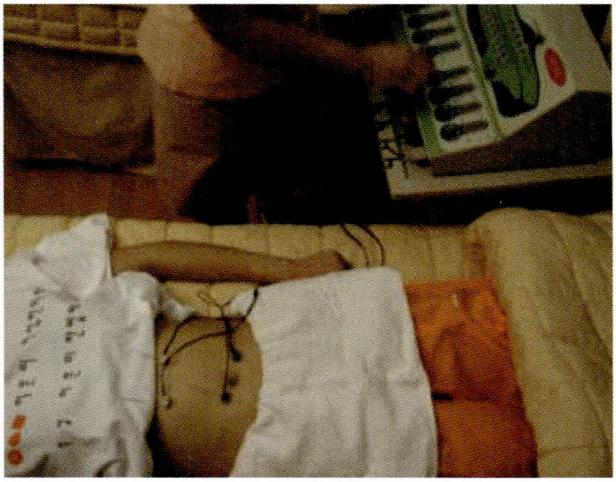

자료제공 : 이은미 Natural 한방병원

그림 10-2 노폐물 배출 다이어트

(3) Beauty & Relax

① 스트레스 제거를 통한 등근육 이완과 몸 전체의 기혈순환 개선
② 한약 팩을 활용한 얼굴 관리와 피부 릴랙스
③ 시술시간 : 3 시간
④ 진찰 → 순환침 치료 → 등 릴랙스 관리 → 통증관리(추나 또는 침) → 안면재생관리

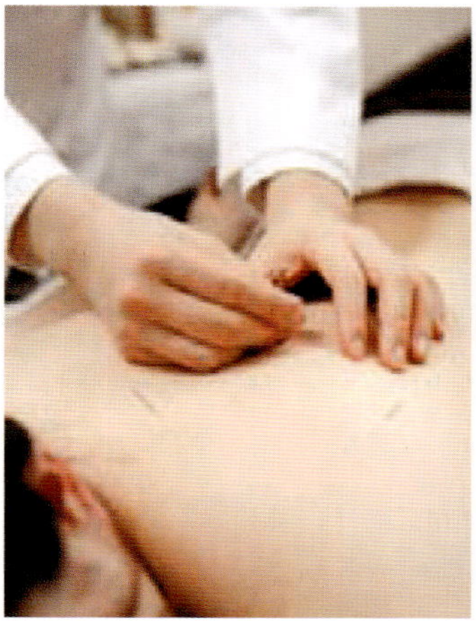
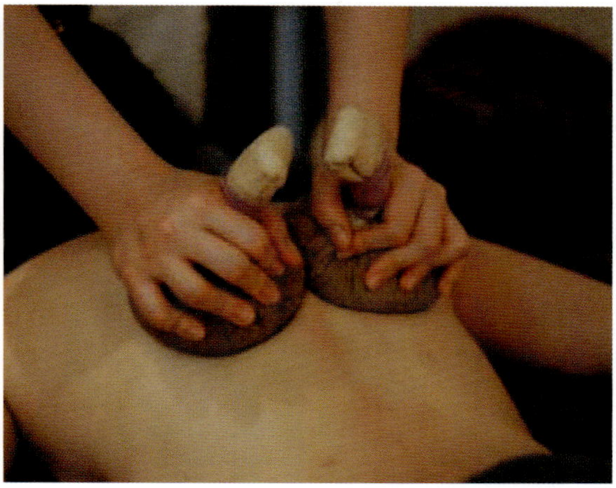

자료제공 : 이은미 Natural 한방병원

그림 10-3 한약을 이용한 피부진정

(4) Detox Your Body And Soul

① 비만, 변비, 원활하지 못한 혈액 순환으로 인해 발생하는 병의 원인을 찾아내어 치료
② 몸속의 독소를 배출
③ 시술시간 : 2 시간
④ 진찰 → 순환침 치료 → 복부 해독테라피(변비 또는 비만) / 두한족열법(다리부종 및 통증완화) / 등 릴랙스 관리(어깨결림 또는 전신피로회복) 중 택 1 → 좌훈 또는 왕뜸

(5) Detox The Age (세월을 디톡스하다)

① 35세부터 노화가 진행되어 성인병에 노출되기 쉬운 연령대를 위한 프로그램

② 안티에이징과 디톡스 동시 진행

③ 시술시간 : 3 시간

④ 진찰 → 체지방검사 → 침치료(복부지방분해 + 순환침) → 태반약침 → 미용침 → 한방팩 → 왕

⑤ 뜸 또는 좌훈 → 복부해독관리 → 디톡스 한방약 1달분

(6) Herbal Detox Spa

① 혈액 순환에 장애가 되는 노폐물을 배출시키는 약재를 혼합하여 만든 농축액 사용

② 전신 해독 스파를 통한 체내 열 제거 및 순환 개선

③ 시술시간 : 3 시간

(7) Relaxing Scrub Spa

① 자기장 사우나를 통해 체내 독소를 배출

② 5가지 한방 바디스크럽 중 체질별, 증상별에 따라 기흐름 방향으로 마사지

③ 시술시간 : 1 시간

(8) Know Your Type

① 사상체질은 이제마 선생이 기록한 것으로 한방발전에 많은 기여를 했다.

② 이제마는 사람의 성질과 체질에 따라 치료해야 한다고 보고 4가지 형으로 분리했고, 각 체질에 맏은 치료법을 개발했다.

③ 접수 → 사상체질 진단 → 상담 → 체질별 침 또는 뜸 체험

④ 시술시간 : 2~3 시간

(9) 아름다운 변화–침 성형

① 성형침, 미용침을 이용해 코와 입의 쁘띠성형, 얼굴 축소, 리프팅, 입가주름, 팔자주름, 이마 주름살을 제거

② 시술 후 바로 활동이 가능하며 부종 없이 1회 시술로도 효과가 뛰어나다.

③ 시술시간 : 90 분

(10) 아름다운 변화-매선요법

① 수술이나 약물을 사용하지 않고, 부작용이 없어 안전성이 높은 시술

② 일상으로의 빠른 복귀 가능

③ 시술시간 : 50 분

④ 안면 리프팅 / 잔주름 제거 / 팔자주름, 이마주름, 눈가주름 제거

5. 그 밖의 한방상품

(1) Chuna Treatment (추나 요법)

① 양한방 협진을 통한 척추 치료법

② 비수술 요법인 추나요법과 침구요법으로 통증을 감소

③ 한약 치료제를 통한 염증억제, 근육과 인대 강화 등으로 재발방지 및 근본치료

④ 시술기간 : 1 주일 정도

⑤ 과정

- 척추검진 : 척추 MRI → 척추 X-Ray → 골밀도 검사 → 동맥경화 → 혈액 검사
- 한방치료 : 한의사 상담, 침치료, 추나
- 척추보약 : 1일 2회 이상 복용 1개월분 처방

(2) Tea Therapy (차 치료법)

① 티테라피 전문가가 체질이나 증상을 진단하고 나만의 차를 처방

② 마음에 드는 맛을 정할 수 있으며 집에서도 즐길 수 있도록 포장선물(20회분)

③ 시술시간 : 30~60 분

(3) Experience Traditional Korean Medicine (한방차 첩약 만들기)

① 개인의 몸 상태에 따라 한의사가 직접 한약 처방 상담

② 한의사가 정해준 약재를 직접 담아서 첩약을 만드는 체험 코스

③ 시술시간 : 20 분

④ 상담 → 한약재 추천 → 약효 설명 및 직접 선택 → 복용 방법 설명

(4) 막걸리 미백

① 한국 전통 주류 막걸리를 이용한 미백관리 프로그램

② 개개인의 사상체질검사에 따라 타입 별로 약재 활용

③ 각질 제거, 수분, 영양 공급에 미백 효과

④ 시술시간 : 30 분

⑤ 클렌징 → 막걸리 케어(초음파 침투) → 인삼 콜라겐 팩

(5) 셀프 한방 팩 만들기

① 피부 타입별 자신만의 한방 팩 만들기

② 자기 피부에 맞게 구성된 세상에서 하나뿐인 천연 팩

③ 시술시간 : 20 분

④ 상담 → 한약재 추천 → 약효 설명 및 직접 선택 → 팩 사용방법 설명

4. 의료관광 전문인력의 분야

이러한 의료관광분야의 수요에 부응하는 전문인력 양성이 필요하며 전문인력의 분야는 다음과 같다.

① 국제전문의사

② 국제임상간호사

③ 의료관광 코디네이터

④ 의료관광 마케터

⑤ 의료관광 통역사

⑥ 의료관광 푸드코디네이터

⑦ 의료관광 국제간병사

⑧ 의료관광 테라피스트

의료관광 테라피스트는 스파, 허브, 에스테틱을 비롯하여, 손을 사용하여 직간접적인 방법으로 피부에 일정한 자극을 주어 생체반응을 일으키게 하여 환자의 건강을 증진시키는 역할을 담당한다.

부록 문제성 피부에 관한 상식(Q&A)

1. 여드름 피부

Q1 남성호르몬에 의해 생성되는 여드름이 왜 여성에게도 생기나요?

A 여성들에게도 신장 위에 붙어있는 내분비기관인 부신에서 남성호르몬인 안드로겐이 분비되어 여드름이 발생됩니다.

Q2 밤을 새고나면 여드름이 심해지는 이유가 무엇인가요?

A 충분한 수면을 취하지 못하면 대뇌에서 스트레스로 인지하여 이 스트레스를 극복하기 위해 코티솔이라는 호르몬을 부신에서 분비합니다.

코티솔이 만들어지는 과정에서 안드로겐도 같이 만들어져 분비되는데 이때 만들어진 안드로겐이 피지선을 자극하여 피지분비량을 증가시키기 때문입니다.

Q3 여드름이 생겼던 자리에 짙은 갈색으로 착색이 되는 이유는 무엇인가요?

A 여드름 생성시 염증성 여드름으로 진행되면 멜라닌 세포 손상이 일어납니다. 손상된 멜라닌 세포는 재생되면서 정상적인 멜라닌 세포보다 더 많은 멜라닌 색소를 만들어 내기 때문입니다.

상처가 회복되면서 상처부위가 진한 갈색을 띄게 되는 현상을 "염증 후 과 색소침착"이라 하는데, 염증성 여드름 치료후 나타나는 색소침착도 이러한 현상과 동일합니다.

피부색이 진할수록, 자외선에 많이 노출될수록 염증후 과 색소침착이 잘 생기지만 보통 6개월 정도 지나면 이 현상이 서서히 없어집니다.

Q4 블랙헤드를 그냥 두면 점이 되나요?

A 점은 점세포에 의해 만들어진 것이며 블랙헤드와는 전혀 다릅니다. 블랙헤드를 제거하지 않는다고 해서 점이 되지는 않습니다.

Q5 모공이 넓어졌을 때 모공 수축용 화장품이 효과적인가요?

A 모공 수축용 화장품은 더 이상 모공이 넓어지는 것을 막아주는 효과가 있을 뿐 모공을 다시 좁혀주는 효과는 거의 없습니다. 넓어진 모공은 필링, 레이저 시술 등의 치료를 받아야 합니다.

Q6 여드름 생성의 원인인 묵은 각질을 제거할 때 스크럽 제품 사용은 적합한가요?

A 여드름 피부에서 각질제거는 매우 중요하지만, 스크럽 제품은 화농된 여드름의 약해진 모낭벽을 자극하고 피지선을 자극하기 때문에 적합하지가 않습니다.

Q7 여드름 피부의 세안은 어떻게 하면 되나요?

A 하루 2~3회 정도가 적당하며 한 번 세안 시 깨끗하게 해 주어야 합니다.
너무 잦은 세안은 피지선을 자극하여 피지 분비를 촉진시키며, 여드름은 모낭 내에서 발생하는 질환이기 때문에 잦은 세안은 큰 효과가 없습니다.

Q8 선탠은 여드름을 악화시키나요?

A 장시간의 선탠은 각질층을 두껍게 만들어 여드름을 악화시킵니다. 단 짧은 시간 햇볕을 쬐는 것은 항염증 효과가 있습니다.

Q9 여드름 흉터는 저절로 없어지나요?

A 여드름 흉터는 주로 화농성, 낭포성 여드름을 앓고 난 뒤에 생기며 피부에 울퉁불퉁한 흔적이 남는 것입니다. 저절로 없어지지 않으며 레이저 시술 등의 치료 시 많이 호전이 됩니다.

Q10 모든 여드름은 다 짜 주어야 되나요?

A 백색면포, 흑색면포 상태의 여드름은 짜낸 뒤에도 흉터가 남지 않습니다. 이 경우에도 청결하지 않은 손으로 심하게 짜면 여드름이 악화되고 흉터가 생길 수 있습니다. 염증성 여드름은 짜지 않아도 흉터가 생기는 수가 있으니 염증반응이 있는 여드름은 피부과에서 염증을 치료하고 나서 짜야합니다.

Q11 30대에 여드름이 생기는 이유는 뭘까요?

A 여드름은 사춘기부터 발생하여 30대 이후부터는 감소하는 것이 일반적입니다. 그러나 가끔 성인이 되어서도 여드름이 지속되거나 여드름이 늦게 시작되는 경우도 있습니다.
성인 여드름의 가장 큰 생성 원인은 환경적 요인으로 스트레스, 불규칙한 생활습관, 흡연, 지나친 음주, 잘못된 화장품 사용 등으로 추측되고 있습니다.

Q12 등, 가슴 여드름도 치료가 가능한가요?

A 등, 가슴 여드름의 경우 피부상태에 따라 약물치료와 여드름 압출을 병행하여 치료한 뒤 스케일링을 1~2주 간격으로 5회 이상 꾸준히 실시하여 주면 효과를 볼 수 있습니다.

지속적으로 등, 가슴에 여드름이 생길 경우에는 절연바늘을 이용하여 피지선을 매우 작게 수축시켜 주면 반복적으로 생성되는 여드름 치료에 효과를 볼 수 있습니다.

2. 과 색소 피부

Q1 주근깨는 피부관리나 레이저 시술로 없앨 수 있나요?

A 이미 생긴 주근깨는 완전하게 없앨 수 없습니다. 피부관리나 레이저 시술로 색을 옅게 만들 수는 있지만 근본적인 해결책은 없습니다. 자외선에 의해 주근깨가 악화되기 때문에 일상에서 자외선 차단제 바르는 것을 생활화 하여야 합니다.

Q2 잡티와 주근깨는 어떻게 구별하나요?

A 주근깨는 주로 10대 초반에 생기지만 잡티는 20대 후반이나 30대에 많이 나타납니다.

자외선의 양에 따라 주근깨의 색깔은 변하지만 잡티의 색깔은 변하지 않습니다.

잡티는 주근깨보다 크고 원형 혹은 타원형 등 일정하지 않는 형태가 특징입니다.

Q3 오타양 모반과 기미의 차이점은 무엇인가요?

A 오타양 모반은 일종의 회갈색 점으로 기미와는 완전히 다른 질환입니다. 사춘기 이후부터 생기기 시작하며 광대뼈 주변, 이마의 가장자리, 콧구멍 주변에 대칭으로 나타납니다.

Q4 나이가 들면 잡티가 많이 늘어나는 이유는 무엇인가요?

A 나이가 들면 얼굴에 잡티나 검버섯이 생길 확률이 높습니다. 잡티나 검버섯은 피부에 누적되는 자외선의 양이 나이가 들면서 많아지기 때문입니다. 누적된 자외선은 색소침착을 생기게 할 뿐만 아니라 양성종양이나 피부암을 유발할 수도 있습니다.

Q5 임신 중 생긴 기미는 출산후 없어지나요?

A 임산부의 50~70%에서 기미가 나타나는데 보통 임신 3개월 후에 많이 나타납니다. 임신기간 내에 색소침착 현상이 심해지지만 출산후 1년 안에 서서히 없어지기도 합니다. 완전히 없어지지 않고 그대로 남는 경우도 있습니다.

Q6 간이 나쁘면 기미가 생길 수 있나요?

A 기미 생성의 원인 중 하나가 여성호르몬인 에스트로겐입니다. 에스트로겐은 주로 간에서 대사되어 소변이나 담즙으로 배설됩니다.

따라서 간 기능에 장애가 생기면 혈중 내에 에스트로겐의 양이 증가하여 기미가 생길 수 있습니다. 그러나 단순히 기미가 있다고 해서 간질환을 먼저 생각할 필요는 없습니다.

Q7 색소침착이 잘 되는 피부타입은 잡티 제거 시술후 색소침착 부위가 더 커지지 않나요?

A 피부색이 검은 사람이나 햇빛에 잘타는 피부를 가진 사람이라면 레이저 시술이나 필링시 신중해야 합니다.

이러한 피부타입은 시술후 과 색소침착이 남을 수 있습니다. 색소침착 부위보다 시술후 과 색소침착 부위가 더 커질 수 있습니다.

Q8 오타양 모반은 레이저 시술로 제거할 수 있나요?

A 엔디야그 레이저나 알렉산드 레이저로 진피 안에 색소를 선택적으로 파괴할 수 있으며 흉터를 남기지 않아 좋은 효과를 기대할 수 있습니다.

4주 간격으로 3~4회 반복적으로 시술을 해야하며 시술후 1주일 정도 거즈로 시술부위를 보호해 주어야 합니다.

Q9 다크서클이 생기는 원인에는 어떤 것들이 있을까요?

A 다크서클의 원인으로는 눈밑 혈관이 확장되면서 검푸르게 보이는 경우도 있고 피부가 얇은 경우 혈관이 밖으로 잘 드러나 보여 다크서클이 눈에 띌 수 있습니다. 또 다른 원인으로는 눈밑의 지방이 돌출되어 그 아래 쪽으로 그늘이 생겨 다크서클이 생길 수 있습니다.

수면부족, 스트레스, 혈액순환 저하, 건조함 등의 일상적인 요인도 많은 영향을 미칠 수 있습니다.

Q10 겨드랑이 부위에 색소가 생겼는데 치료가 가능할까요?

A 겨드랑이 부위에 약물에 의한 알러지 반응으로 인해 색소침착이 생길 수 있으며 임신으로 인해서도 색소 부분이 진해질 수도 있습니다.
레이저 시술로 색소침착이 된 부위를 원래의 피부색에 가깝게 할 수는 있지만 많은 시간이 필요합니다.

Q11 기미는 한 번 생기면 관리 및 치료가 어려운가요?

A 기미는 한 번 발생하면 완치가 어려운 증상 중 하나이기 때문에 일상생활에서 자외선을 철저하게 차단시켜 기미가 생기지 않도록 예방해야 합니다. 그러나 레이저 시술, 이온영동법을 이용하여 비타민 C를 침투시켜 현재 올라온 멜라닌 색소를 제거하고 꾸준한 유지 관리를 통하여 기미가 생성되는 것을 미연에 방지할 수 있으며, 생성되더라도 신속하게 치료를 하여 기미가 자리를 잡지 않도록 신경을 써주면 미용적인 측면에서 만족할 수 있는 피부색을 유지할 수 있습니다.

3. 모세혈관 확장증

Q1 모세혈관 확장증은 왜 생기나요?

A 선척적으로 피부가 약하고 흰 사람에게 많이 나타나는데 피부혈관의 수축과 이완을 자유롭게 하는 기능이 상실되어 혈관 확장이 지속되는 상태입니다.
원인으로는 스테로이드 연고의 남용, 광노화, 유전 등입니다.

Q2 모세혈관 확장증은 레이저 시술이 가능한가요?

A 혈관성 색소 레이저기로 시술이 가능합니다.
1~2회 시술하면 모세혈관 확장 증세가 거의 사라집니다.

Q3 혈관성 색소 레이저 시술후 주의사항은 무엇인가요?

A 자외선은 모세혈관을 확장시키는 원인이 되므로 자외선 차단제를 철저히 바르고 햇볕이 강한 시간 때에는 외출을 삼가야 합니다.
사우나나 맵거나 뜨거운 음식을 피하고 음주를 삼가야 되며 심한 운동도 피하는 것이 좋습니다.

Q4 홍조와 모세혈관 확장증의 차이는 무엇입니까?

A 홍조는 눈에 보이지 않는 모세혈관으로 인해 얼굴이 붉어지는 현상을 말하며 감정변화, 폐경기, 교감신경계이상, 한랭 민감증, 모세혈관 확장증 등이 원인이며 모세혈관 확장증은 진피의 실핏줄이 확장되어 혈관이 보이는 것을 말합니다.

4. 노화피부

Q1 노화피부는 마사지를 자주 해 주는게 좋은가요?

A 마사지는 혈액순환을 돕고 피부의 노폐물을 제거해주어 피부 대사 기능을 활발하게 해 줍니다.

주 1~2회 정도 마사지를 해 주면 피부탄력 유지에 큰 도움이 되나 지나치게 자주하면 피부에 자극을 줄 수 있습니다.

Q2 흡연을 하면 피부노화가 빨리 진행되나요?

A 흡연시 발생되는 독성물질은 콜라겐, 엘라스틴을 분해시키는 효소들을 활성화시켜 주름이 쉽게 잡히고 피부탄력을 떨어지게 합니다.

또 흡연시 피부혈관들을 수축시켜 산소, 영양공급이 원할하게 이루어지질 않아 피부톤이 맑지 않습니다.

여성의 경우 흡연자가 비흡연자에 비해 주름이 생길 확률이 10배 정도 높습니다.

Q3 보톡스를 맞아도 효과가 없을 수 있나요?

A 보톡스에 대하여 항체가 있는 사람은 보톡스를 맞아도 효과가 없습니다.

실제로 3~7%의 사람이 항체를 가지고 있어 보톡스를 맞아도 효과가 나타나지 않는 것으로 알려져 있습니다.

Q4 턱선이 울퉁불퉁한 경우 턱선을 매끄럽게 하는 방법이 무엇인가요?

A 턱선이 매끄럽지 않은 경우에는 고주파나 초음파를 이용한 리프팅 관리가 가장 적합합니다.

고주파나 초음파의 에너지는 근막층까지 도달하기 때문에 비수술적인 안면거상술을 실시하는게 효과적입니다.

Q5 노화가 진행되면서 얼굴에 팔자 주름이 생겼을 때 가장 효과적인 시술이 무엇일까요?

A 보톡스 시술과 필러 시술을 할 수 있습니다.

팔자 주름이 얕은 경우에는 표정 근육을 마비시켜 더 이상 주름이 생기지 않게 보톡스 주사요법을 실시하면 효과적입니다. 단, 팔자 주름이 있는 입가는 자연스러운 움직임이 필요하기 때문에 반드시 전문가에세 시술을 받아야 합니다.

팔자 주름이 깊게 패인 경우에는 필러로 주름 부위를 채워 볼륨감을 주는 것이 효과적입니다.

Q6 레이저 치료나 화학적 필링이 장기적으로 보았을 때 피부에 부작용이 많이 생기지 않나요?

A 레이저기를 이용하여 필링을 하거나 화학적 필링은 모두 피부재생을 촉진시켜 주는 원리에서 시술하는 것이기 때문에 장기적으로 보았을 때 노화 진행 속도를 늦추어 줄 수 있습니다.

필링시 불편함이 초래될 수 있고 자외선으로부터 피부를 보호해야 된다는 부담감이 있을 수 있으나 장기적으로 보았을 때는 건강한 피부를 유지하는 데 도움이 됩니다.

Q7 녹는 실을 이용한 리프팅에 관하여 알고 싶습니다.

A 실을 이용하여 리프팅을 할 때 사용되는 실에는 여러 종류가 있습니다. 실이 가늘수록 당기는 힘은 작고 리프팅이 지속되는 기간도 짧은 편입니다.

실 리프팅을 한 뒤 며칠간은 당기고 약간의 따끔거리는 통증이 있을 수 있습니다.

간단한 부작용이 있을 수 있는데 이 문제는 해결 방법이 쉽습니다.

얼굴 근육의 움직임에 의해 실이 안쪽에서 약간씩 움직여서 약간 튀어나와 보이는 현상도 있습니다.

또 조직을 당기면서 실에 있는 돌기에 조직이 물려서 함몰현상이 나타나는 경우도 있습니다.

이런 경우에는 시술후 며칠 이내에 나타나는데 함몰 부위를 마사지하여 조직의 물린 부분을 풀어주면 쉽게 개선이 됩니다.

이때 실시하는 마사지는 일반 마사지가 아니기 때문에 마사지로 물린 조직을 풀어주는 시술은 반드시 의사에게 받아야 합니다.

Q8 나이가 들수록 얼굴에 있는 흉터가 더 커지는 이유는 무엇인가요?

A 노화가 진행되면 얼굴의 지방은 줄어들고 피부의 탄력이 떨어져 아래로 쳐지게 됩니다.

얼굴에 있는 흉터의 모양은 노화가 진행될수록 형태가 바뀌게 됩니다. 얕은 흉터는 조금씩 덜 보이게 되고 주름 속에 가려져 눈에 잘 띄지 않습니다.

반면에 깊은 흉터는 피부 깊은 곳까지 손상을 입었기 때문에 피부탄력이 떨어져 피부가 쳐지면서 더 깊숙하고 크게 보입니다.

참고문헌

- 권혜영 · 권혜진 · 김미령 · 김봉인 · 김수미 · 신규옥 · 안선례 · 윤미숙 · 함명옥, "NEW 피부과학", 메디시언, 2013.
- 권혜영 · 안경민 · 양미영 · 임현지 · 하문선 , "NCS를 기반으로 한 기초 에스테틱", 메디시언, 2015.
- 김광옥 외, "피부관리학", 청구문화사, 2006.
- 김명순, "비만 관리학", 훈민사, 2010.
- 김선옥 외 옮김, "MILADY'S", 고급피부학 , 2006.
- 김선옥 외, "메디컬스킨케어", 구미1대학, 2006.
- 김선옥 외, "최신 피부관리학", 고문사, 2000.
- 김선효 외 5인, "식생활과 건강", 도서출판 파워북, 2013.
- 김영미 외, "메디칼스킨케어 I/ 비만 스파", 임송, 2003.
- 김영미, "메디칼스킨케어 II/ 성분학", 임송, 2004.
- 김유정, "피부관리학", 현문사, 2002.
- 김정아 외 6인, "병원 코디네이터", 군자출판사, 2006.
- 김춘자 외, "미용기기 관리학", 훈민사, 2001.
- 김태수 외, "웰빙으로 가는길 에스테틱 입문", 디자인피플, 2004.
- 대한피부과협의회대구, 경북지부/문병천, 대경피부미용치료심포지엄, 2006.
- 박금자, "병원 코디네이터 개론", 북샘출판사, 2009.
- 박은경 외, "실무를 위한 메디컬 스킨케어", DMS International, 2005.
- 병원 코디네이터 전문가 과정, 대전보건대학.
- 손인아 외 1인, "의료서비스 코디네이션", 메디칼코리아, 2008.
- 송경희 외 8인, "DIET THERAPHY 식사요법", 파워북, 2010.
- 심상수 외, "비만과 건강", 중앙대학교 출판부, 2002.
- 안성구, "피부미학", 고려의학, 2002.
- 안홍석 외 7인, "피부미용과 영양", 파워북, 2007.
- 양무석, "예절과 직업윤리", 형설출판사, 2000.
- 원윤경 외 1인, "피부미용기기학", 훈민사, 2006.

- 윤여성, "신피부관리학", 가림, 1995.
- 윤영철, "보톡스임상적사용", 미래출판사, 2008.
- 윤천성 외, "모발과 두피관리", 훈민사, 2004.
- 이근하, "피부학", 성화출판사, 2011.
- 이순복 외 7인, "메디컬 스킨케어", 파워북, 2007.
- 이승현 외, "메디컬 스킨케어", 여문각, 2004.
- 이원경, "모발미용학", 청구문화사 , 1998.
- 이정옥 외, "메디컬 스킨케어", 훈민사, 2005.
- 이주영, "한국미용학회", 한국미용학회지, 2006.
- 장주연(발행인), "미용성형외과수술 PRACTICE", 군자출판사, 2004.
- 정연진 외 5인, "식생활과 다이어트", 파워북, 2009.
- 정종영 외, "아틀라스 피부관리학", 엠디월드 , 2006.
- 조성일, "살은 빼면 안돼 체중조절 생리학", 건국대학교 출판부, 2004.
- 채순님 외 5인, "피부미용 기기학", 정담미디어, 2004.
- 최광호, "털 클리닉", 다락원, 1999.
- 하병조, "미용생화학", 형설출판사, 1999.
- 한국두피건강협회, Trichologist Education III.
- 한정순 · 권수미 · 김부영 · 송은주 , "현대인의 식생활과 건강", 지구문화사, 2015.
- 한정순 · 권혜영 · 임진숙 · 이순혜 · 조진애 · 조춘구 · 하명희, "NEW 뷰티영양학", 메디시언, 2011.
- 한채정 외 4인, "최신 피부 미용학", 훈민사, 2010.
- 함익병 외, "최신여드름 치료기법", 군자출판사, 2009.
- 함익병 외, "이지함의 여드름 뿌리뽑기", 중앙M&B, 2014.

참고 사이트

- AUDRAJ.GERAS DERMATOLOGY SANDOZ.
- http://blog.naver.com/jowonpil8812?Redirect=Log&logNo=143154147.
- http://terms.naver.com/entry.nhn?docId=482474.
- http://www.ljh.co.kr/ : 이지함 피부과 자료.

찾아보기 (INDEX)

ㅈ

ㅋ

ㅌ

ㅍ

ㅎ

기타

MEDICAL AESTHETIC
메디컬 에스테틱 개정판

2015년 9월 5일 재판 발행
2017년 2월 1일 개정판 발행
2019년 2월 20일 재개정판 발행

저 자 • 김봉인 · 김선옥 · 김해남 · 장문정 · 장태수
최미옥 · 한채정 · 함명옥 · 고미라

발행인 • 주 병 오

발행처 • 메디시인

경기도 파주시 회동길 209
파주출판문화정보산업단지

전화 • 영업팀 (031)955－7566／7577
편집팀 (031)955－7731
FAX • (031)955－7730
홈페이지 • www.ji-gu.co.kr
전자우편 • jigupub@hanmail.net

값 • 20,000원

ISBN 979－11－86739－29－7